本教材审核专家

全国机械职业教育教学指导委员会委员、智能制造技术类专业委员会主任，常州机电职业技术学院原党委书记、研究员　曹根基

全国住房和城乡建设职业教育教学指导委员会委员，广州中望龙腾软件股份有限公司副总经理、高级工程师　王长民

机械工业教育发展中心　马骁　博士

人力资源社会保障部办公厅关于公布 429 种国家级技工教育和职业培训教材目录的通知[人社厅函(2022)52 号]

入选技工教育规划教材
纳入《国家级技工教育和职业培训教材目录》

前言 PREFACE

本书在第 1 版的基础上做了部分删减与更新，以中望 CAD 2024 版本为基础进行编写，具有以下特色：

1. 可作为岗课赛证·综合育人教材

党的二十大报告指出"实施科教兴国战略，强化现代化建设人才支撑"，将"大国工匠"和"高技能人才"纳入国家战略人才行列，本书以技能培养为主线来设计项目内容，结合中华人民共和国职业技能大赛"CAD 机械设计"赛项、"增材制造设备操作"赛项，按照模块化教学法的教学要求来组织编写的，符合当前职业教育发展的需要。

全国职业院校技能大赛中职组"零部件测绘与 CAD 成图技术"赛项借鉴了世界技能大赛同类竞赛项目的竞赛规程与评分标准，要求选手在 4 小时内完成给定某机械部件或装置的装配实物的测绘，使用中望 CAD 软件绘制该部件或装置的装配图和各零件的机械加工图等比赛任务。

全国职业院校技能大赛高职组"数字化设计与制造"学生组和教师组均采用中望 CAD 软件进行比赛。

为落实教育部等四部门印发《关于在院校实施"学历证书 + 若干职业技能等级证书"制度试点方案》的要求，按照"1 + X"《机械产品三维模型设计职业技能等级标准》要求，本项职业技能等级证书考试中采用了中望 CAD 软件进行机械制图模块的考核鉴定。本书助力岗课赛证融通实施，服务于全国更多院校的人才培养与教学改革。

2. 任务驱动编写模式

本书为校企合作教材，在人才培养过程中的地位重要、作用明显。为提高比赛技能以及以赛促学，促进课堂学习，本书将知识变得更加直观，便于读者理解与学习。本书采用任务驱动模式编写，建议学时数为 64 学时，分 9 个项目 51 个任务，各任务多设置有独立的实操案例。本书编写紧跟产业发展趋势和行业人才需求，及时将产业发展的新技术、新工艺、新规范纳入教材内容；紧紧围绕深化教学改革和职业教育发展需求，突出计算机绘图和数字化表达实际操作技能的培养。

3. 配套电子课件、107 个微课资源、任务学习单、任务评价单与综合实训活页任务单

本书配套资源能够引导学生探索知识，有利于激发其自主学习；同时，能够辅助教师实现翻转课堂的教学手段，为教学过程中进一步探索"工学结合"一体化提供了充分的准备，可以满足翻转课堂授课要求。任务学习单、任务评价单可以指导年轻教师采用适合的教学方法进行项目教学。本书符合现代职业院校学生学习的认知特点与学习习惯，符合技术技能型人才的成长规律，将知识传授与技术技能培养并重，强化学生职业素养养成和专业技术积累，将职业精神和工匠精神较好地融入教材内容。

最后，感谢读者选择了本书。由于编者水平有限，书中不妥之处，敬请读者批评指正（主编 QQ：287889834；责任编辑 QQ：33098710；咨询电话：010-88379193）。另外，本书配套资源下载可申请加入"中望 CAD 教师工程师"QQ③群：283481455；QQ④群：243691418；也可登陆机械工业出版社教育服务网 http://www.cmpedu.com 免费下载。

编　者

岗课赛证·综合育人
融通工作思路

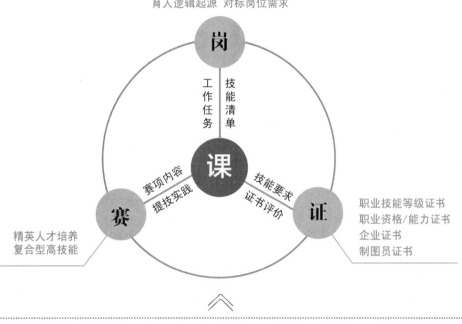

育人逻辑起源 对标岗位需求

岗

工作任务 技能清单

课

赛项内容 提技实践   技能要求 证书评价

赛   证

精英人才培养
复合型高技能

职业技能等级证书
职业资格/能力证书
企业证书
制图员证书

服务课程体系构建、综合育人人才培养体系

赛	项目制、赛训制 高技能人才、双创人才	精英人才
岗	专业群、岗位群 专业群培养目标及满足岗位需求复合型人才	复合型人才
证	X证书、企业认证及其他认证 覆盖全专业培养拥有一技之长的实用型人才	实用型人才

二维码索引

（续）

（续）

（续）

目录 CONTENTS

项目1

中望CAD软件应用基础与环境设置

学习目标

通过对本项目的学习，掌握以下技能与方法：

☑ 学会中望 CAD 软件经典版设置的两种方法。

☑ 能够在操作界面中完成单位与原点的设置。

☑ 学会操作界面颜色的设置与切换。

☑ 能够对中望 CAD 软件的界面进行设置。

☑ 能够重画与重新生成图形。

任务内容

正确安装中望 CAD 试用版软件，并对中望 CAD 软件的界面进行设置，调整为经典界面。调整效果如图 1-1 所示。

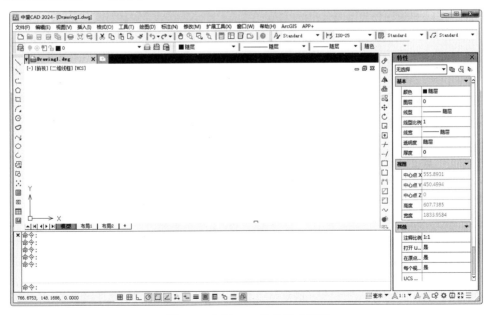

图 1-1　中望 CAD 软件经典界面

实施条件

1. 台式计算机或便携式计算机。
2. 中望 CAD 正版软件。

任务实施

中望 CAD 是一种计算机辅助设计（CAD，Computer-aided Design）软件，建筑师、机械工程师等专业人员可依靠它来创建精确的二维和三维图形。CAD 或计算机辅助设计和制图（CADD，Computer-aided Design and Drafting）是计算机技术在设计和制图方面的运用，使用CAD 制图软件替代手工制图。使用中望 CAD 软件可以设计汽车、船舶、自行车、医学修复器械等。CAD 软件可用于 Windows 系统，还可以采用 Mac 兼容格式。

根据工作性质、环境、所属专业的不同，为了满足不同使用者的要求、习惯，应对中望 CAD 软件进行必要的设置。本项目主要讲述启动对话框、定制绘图环境、设置图形范围和绘图单位的方法。

中望 CAD 软件提供多种观察图形的工具，如利用"鸟瞰视图"工具进行平移和缩放、视图处理和视口创建等，利用这些命令，学习者可以轻松自如地控制图形的显示，从而满足各种绘图需求和提高工作效率。

图 1-2　《中望建筑 CAD（微课视频版）》教材

此外，广州中望龙腾软件股份有限公司还开发出以建筑设计应用为主体，可应用于建筑设计、室内设计、规划设计和水利等领域的"中望 CAD 建筑版"软件　　　　。用户可以双击中望 CAD 建筑版软件安装程序　　　，待安装程序启动后，按照提示进行一键式安装即可。同时，广州中望龙腾软件股份有限公司组织编写了中望 CAD 建筑版软件的官方教材《中望建筑 CAD（微课视频版）》，如图 1-2 所示。

➤➤ 任务 1.1　中望 CAD 软件和硬件要求 ◀◀

在安装和运行中望 CAD 时，软件和硬件必须达到的配置要求见表 1-1。

表 1-1　中望 CAD 软件和硬件要求

操作系统	64 位 Microsoft Windows 8.1 和 Windows 10
处理器	基本要求：2.5～2.9GHz 处理器 建议：3GHz 以上处理器 多处理器：受应用程序支持

（续）

内存	基本要求：8GB 建议：16GB
显示器分辨率	传统显示器：1920×1080 分辨率真彩色显示器 高分辨率和4K 显示器：在 Windows 10 64 位系统（配备系统支持的显卡）上支持高达 3840×2160 分辨率
显卡	基本要求：1GB GPU，具有 29GB/s 带宽，与 DirectX 11 兼容 建议：4GB GPU，具有 106 GB/s 带宽，与 DirectX 11 兼容
磁盘空间	7.0GB
固态硬盘	128GB 以上
网络	通过部署向导进行部署 许可服务器以及运行依赖网络许可的应用程序的所有工作站都必须运行 TCP/IP 协议 可以接受 Microsoft 或 Novell TCP/IP 协议堆栈，工作站上的主登录可以是 Netware 或 Windows 除了应用程序支持的操作系统外，许可服务器还可在 Windows Server 2012 R2、Windows Server 2016 和 Windows Server 2019 各版本上运行
指针设备	Microsoft 鼠标兼容的指针设备
. NET Framework 组件	. NET Framework4.8 或更高版本

　　对于现阶段计算机的配置，以上的要求是合理的。在条件允许的情况下，应尽量提高计算机的内存容量，以使绘图过程更加顺畅。

▶ 任务 1.2　中望 CAD 软件的安装和启动 ◀

> **QR 微课视频直通车 001：**
> 本视频主要介绍中望 CAD 软件的安装和启动。
> 打开手机微信扫描右侧二维码观看学习吧！

　　双击中望 CAD 软件安装程序 ，待安装程序启动后，按照提示进行一键式安装，如图 1-3 所示。

　　程序安装完毕后，将在桌面建立中望 CAD 软件快捷启动图标（注意：不同的发行版本名称可能会有所不同）。双击该快捷启动图标即可启动中望 CAD 软件。中望 CAD 软件安装完成后，提供试用 30 天的免费体验服务。

图 1-3　中望 CAD 软件安装界面

用户可以选择中望 CAD 软件 Ribbon（二维草图与注释）界面和经典界面，分别如图 1-4 和图 1-5 所示。

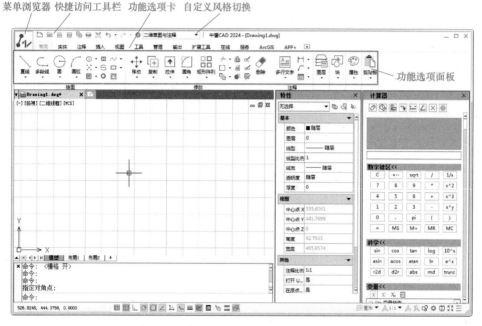

图 1-4　中望 CAD 软件 Ribbon（二维草图与注释）界面

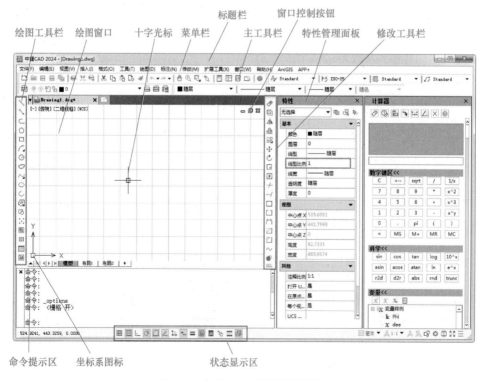

图 1-5　中望 CAD 软件经典界面

📐 任务 1.3　中望 CAD 软件的工作界面 ◢◣

QR 微课视频直通车 002：

本视频主要介绍中望 CAD 软件工作界面。

打开手机微信扫描右侧二维码观看学习吧！

中望 CAD 软件的工作界面采用美观、灵活的 Ribbon 界面，类似于 Office 软件的界面，如图 1-4 所示。相比于图 1-5 所示的经典界面，Ribbon 界面对于学习者有着更高的友好度，使学习者能更为轻松地掌握其用法。同时，中望 CAD 软件支持 Ribbon 界面与经典界面的切换，以便符合设计师的使用习惯。

中望 CAD 软件的工作界面主要由标题栏、绘图栏、修改栏、功能选项卡等组成。

1.3.1　标题栏

标题栏包括以下三个部分：

（1）菜单浏览器　单击左上角的中望 CAD 图标即可进入菜单浏览器界面，如图 1-6 所示，其功能类似于 Office 软件的菜单浏览器。

（2）快速访问工具栏　快速访问工具栏中提供了中望 CAD 软件部分常用工具的快捷访问方式，包括新建/保存/另存为文件、打印、撤销/恢复操作等。

（3）窗口控制按钮　窗口控制按钮的功能与 Windows 中相应按钮的功能完全相同，可以将窗口最小化、最大化或关闭。

图 1-6　菜单浏览器及快速访问工具栏

1.3.2　绘图栏和修改栏

绘图栏（从左至右）中包括"直线""构造线""多段线""多边形""矩形""三点画圆弧""圆""云线""样条曲线""椭圆""圆弧""插入块""创建块""点""填充图案""面域""表格""多行文字"等功能图标，如图 1-7 上半部分所示。

修改栏（从左至右）中包括"删除""复制""镜像""偏移""阵列""移动""旋转""缩放""拉伸""修剪""延伸""打断于点""打断""合并""倒角""圆角""分解"等功能图标，如图 1-7 下半部分所示。

图 1-7　绘图栏和修改栏功能区

1.3.3　功能选项卡

功能选项卡是显示基于任务的命令和控件的区域。在创建或打开文件时，会自动显示功能区，其中提供了创建文件所需的所有工具。中望 CAD 软件的 Ribbon 界面包括"常用""实体""注释""插入""视图""工具""管理""输出""扩展工具"和"在线"十个功能选项卡，如图1-8所示。

图 1-8　Ribbon 界面的功能选项卡

1.3.4　功能选项面板

每个功能选项卡下都有一个可以展开的面板，即功能选项面板，其中包含的工具和控件与工具栏和对话框中的相同。图1-9所示为"常用"功能选项面板，其中包括"直线""多段线""圆""圆弧"等功能图标。

图 1-9　Ribbon 界面的功能选项面板

1.3.5　功能选项面板下拉菜单

在功能选项面板中，很多命令还有可展开的下拉菜单，用于选择更详细的功能命令。如图1-10所示，单击"圆"下的▼标记，即可显示"圆"的下拉菜单。

图 1-10　功能选项
面板下拉菜单

1.3.6　绘图区

绘图区是屏幕中央的空白区域，如图1-11所示，所有绘图操作都是在该区域内完成的。绘图区的左下角显示当前坐标系；绘图区没有边界，无论多大的图形都可置于其中。将鼠标指针移动到绘图区中，会变为十字光标；选择对象时，鼠标指针则会变成一个矩形的拾取框。

1.3.7　命令栏

命令栏位于工作界面的下方，其中显示了使用者曾输入的命令记录以及中望 CAD 软件对相应命令所进行的提示，如图1-12所示。

当命令栏中显示"命令:"提示时，表明软件等待使用者输入命令。在命令执行过程中，命令栏中将显示各种操作提示。使用者在整个绘图过程中，都要密切留意命令栏中的提示内容。

图 1-11 绘图区

图 1-12 命令栏

1.3.8 状态栏

状态栏位于工作界面的最下方，如图 1-13 所示，其中显示了当前十字光标在绘图区中的绝对坐标位置。同时还显示了常用的控制按钮，如捕捉、栅格、正交等功能，单击按钮表示启用该功能，再次单击则关闭该功能。

图 1-13 状态栏

1.3.9 自定义工具栏

自定义工具栏是指用户可以根据自身的使用习惯及需要自行调用的一系列工具栏。在中望CAD 软件中，共提供了二十多个已命名的工具栏。在默认情况下，"绘图"和"修改"工具栏处于打开状态。如果要显示当前隐藏的工具栏，可在任意工具栏上右击，此时将弹出一个快捷菜单，如图 1-14所示，通过选择命令可以显示或关闭相应的工具栏。

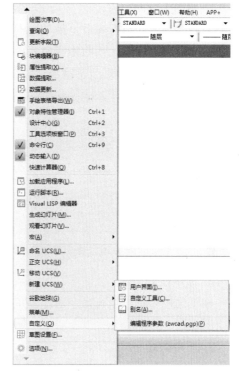

图 1-14 自定义工具栏菜单

以上是中望 CAD 软件 Ribbon 界面的简单介绍。如果用户希望使用经典界面可以单击状态栏右下角的 ⚙ 按钮，然后单击"ZWCAD 经典"选项，如图 1- 15 所示。

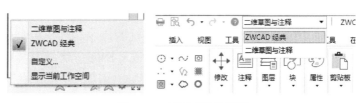

图 1-15 切换到经典界面

任务 1.4　命令执行方式

QR 微课视频直通车 003:
本视频主要介绍中望 CAD 软件的命令执行方式。
打开手机微信扫描右侧二维码观看学习吧!

在中望 CAD 软件中，命令的执行方式有很多种，如键盘方式、命令按钮方式、下拉菜单方式或命令行方式等。绘图时，应根据实际情况选择最佳的命令执行方式，以提高工作效率。

1. 键盘方式

通过键盘方式执行命令是最常用的绘图方法之一。用户使用某个工具绘图时，只需用键盘在命令行中输入该工具的相应命令，然后根据提示一步一步地完成绘图即可，如 1-16 所示。中望 CAD 软件提供动态输入功能，在状态栏中单击"动态输入"按钮 后，通过键盘输入的内容会显示在十字光标附近，如图 1-17 所示。

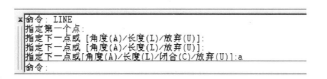

图 1-16　通过键盘方式执行命令

图 1-17　动态输入功能

2. 命令按钮方式

在工具栏中单击执行命令对应的工具按钮，然后按照提示完成绘图工作。

3. 菜单命令方式

通过选择下拉菜单中的相应命令来执行命令，执行过程与上面两种方式相同。中望 CAD 软件同时提供鼠标右键快捷菜单，在快捷菜单中会根据绘图的状态提示一些常用的命令，如图 1-18 所示。

4. 退出正在执行的命令

中望 CAD 软件可随时退出正在执行的命令。执行某个命令后，可按 < Esc > 键退出该命令，也可按 < Enter > 键结束某些操作命令。

5. 重复执行上一次操作命令

当结束了某个操作命令后，若要再次执行该命令，可以按 < Enter > 键或空格键来实现此目的。通过上下方向键可以翻阅前面执行的数个命令，然后选择执行。

图 1-18　鼠标右键快捷菜单

6. 取消已执行的命令

绘图中出现错误，需要取消之前的操作时，可以使用"Undo"命令，或单击工具栏中的 按钮，回到前一步或前几步的状态。

7. 恢复已撤销的命令

当撤销了命令后，又想恢复已撤销的命令时，可以使用"Redo"命令或单击工具栏中的 按钮。

8. 使用透明命令

在中望CAD软件中，有些命令可以插入另一条命令的期间执行。例如，使用"Line"命令绘制直线时，可以同时使用"Zoom"命令放大或缩小视图范围，这样的命令称为透明命令。只有少数命令为透明命令，在使用透明命令时，必须在命令前加一个单引号'，这样才能被中望CAD软件识别到。

≫▲ 任务1.5　设置文件管理命令 ▲≪

QR 微课视频直通车 004：

本视频主要介绍中望CAD文件管理命令。

打开手机微信扫描右侧二维码观看学习吧！

前面介绍了"开始"对话框及其使用，下面将讲述中望CAD软件常用文件管理命令。中望CAD软件中常用的文件管理命令有"New""Open""Qsave/Saveas""Quit"等。

1.5.1　创建新图形

（1）以默认设置方式新建图形　在快速访问工具栏中，单击"新建"图标 ，或在命令行中直接输入"New"，即可以默认设置方式创建一个新图形。该图形已预先做好一系列设置，如绘图单位、文字尺寸及绘图区域等，用户可以根据绘图需要保留或改变这些设置。

（2）使用"启动"对话框新建图形　执行"New"命令后，系统会弹出"启动"对话框。该对话框允许以三种方式创建新图形，即默认设置、样板图向导及设置向导。其操作与前面相同，这里不再重述。

温馨提示

当系统变量"Startup"的值为 1 时，执行"New"命令或单击"新建"图标都会弹出"启动"对话框；当"Startup"的值为 0 时，执行"New"命令或单击"新建"图标都以默认设置方式创建一个新图形。

1.5.2　打开图形文件

（1）运行方式

1）命令行：Open。

2）工具栏："标准"→"打开" 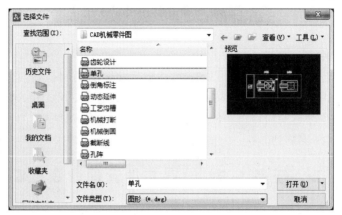。

"Open"命令用于打开已经创建的图形。如果图形比较复杂，一次不能画完，可以把图形文件存盘，以后可用"Open"命令继续绘制该图形。

（2）操作步骤 执行"Open"命令，系统弹出"选择文件"对话框，如图1-19所示。

图1-19 "选择文件"对话框

🔵 对话框中各选项的含义和功能如下：

查找范围：单击下拉列表，可以改变搜寻图形文件的路径。

文件名：在文件列表中单击某一图形文件时，该图形的文件名将出现在"文件名"框中；也可以直接在"文件名"框中输入文件名，最后单击"打开"按钮。

文件类型：显示文件列表中文件的类型，中望 CAD 软件可选择标准图形（dwg）、交换格式图形（dxf）、样板图形（dwt）等文件类型。

预览：选择图形后，可以从浏览窗口预览将要打开的图形。

以只读方式打开：单击"打开"按钮右侧的下拉箭头，出现"以只读方式打开"选项 。选择此选项表明文件以只读方式打开，不允许对文件做任何修改，但可以编辑文件，最后可以用另一个文件名存盘。

"工具"下拉菜单中的"查找"：单击此按钮，打开"查找"对话框，通过该对话框可以找到自己要打开的文件。

"工具"下拉菜单中的"定位"：通过此按钮，可以确定要打开文件的路径。

1.5.3 保存文件

保存文件是所有软件中是最基本和最常用的操作之一。在绘图过程中，为了防止因意外情况而造成死机，必须随时将已绘制的图形文件存盘，常用"保存""另存为"等命令存储图形文件。

1. 以默认文件名保存

1）命令行：Qsave。

2）工具栏："标准"→"保存" 。

如果图样已经通过命名存储过，则以最快的方式用原名称存储图形，而不显示任何对话框。如果将从未保存过的图形存盘，将弹出图 1-20 所示的对话框，系统会为该图形自动生成一个文件名，一般是"Drawing1"。

2. 命名存盘

命令行：Saveas。

"Saveas"命令用于以新名称或新格式另外保存当前图形文件。执行该命令后，系统弹出图 1-21 所示对话框。

图 1-20 存储图形文件　　　　　图 1-21 将文件另命名存盘

🔍 **对话框中各选项的含义和功能如下：**

保存于：单击"保存于"框右边的下拉箭头，选择文件要保存的目录路径。

文件名：在对已经保存过的文件另存时，在编辑框中会自动出现该文件的文件名，这时单击"保存"按钮，系统会提示是否替代原文件。如果要另存一个新文件，可以直接在此编辑区中输入新的文件名并单击"保存"按钮。

文件类型：将文件保存为不同的格式。可以单击该选项右边的下拉箭头，选择其中的一种格式进行保存。

任务 1.6　定制中望 CAD 绘图环境

QR 微课视频直通车 005：
本视频主要介绍定制中望 CAD 绘图环境的方法。
打开手机微信扫描右侧二维码观看学习吧！

在新建图形文件以后，还可以通过下面的设置来修改之前一些使用不合理的地方和其他辅助设置选项。

1.6.1　图形范围

1. 运行方式

命令行：Limits。

"Limits"命令用于设置绘图区域的大小，相当于手工制图时图纸幅面的选择。

2. 操作步骤

用"Limits"命令将绘图界限范围设定为 A4 图纸（210mm×297mm），操作步骤如下：

```
命令:Limits                                        //执行 Limits 命令
重新设置模型空间界限:
指定左下角点或 [开(ON)/关(OFF)]〈0.0000,0.0000〉:   //设置绘图区域左下角坐标
指定右上角点〈420.0000,297.0000〉:297,210            //设置绘图区域右上角坐标

命令:Limits                                        //重复执行 Limits 命令
重新设置模型空间界限:
指定左下角点或 [开(ON)/关(OFF)]〈0.0000,0.0000〉:on  //打开绘图界限检查功能
```

> 🔍 **各选项说明如下：**
>
> 关闭（OFF）：关闭绘图界限检查功能。
>
> 打开（ON）：打开绘图界限检查功能。
>
> 确定左下角点后，系统继续提示"右上点〈420,297〉:指定绘图范围的右上角点。"默认为 A3 幅面，如果需要设置其他图幅，只要改成相应的幅面尺寸即可。国家标准规定的幅面尺寸见表1-2。
>
> 表1-2 国家标准规定的基本幅面 （单位：mm）
>
> | 幅面代号 | A0 | A1 | A2 | A3 | A4 |
> |---|---|---|---|---|---|
> | 长边×短边 | 1189×841 | 841×594 | 594×420 | 420×297 | 297×210 |

🔆 **温馨提示**

1）在中望 CAD 软件中，是用真实的尺寸绘图，在打印出图时，再考虑比例尺。另外，用"Limits"命令限定绘图范围，不如用图线画出图框那样直观。

2）当绘图界限检查功能设置为"ON"时，如果输入或拾取的图形超出绘图界限，则操作将无法进行。

3）当绘图界限检查功能设置为"OFF"时，绘制图形不受绘图范围的限制。

4）绘图界限检查功能只限制输入点坐标不能超出绘图边界，而不限制整个图形。例如，当圆的定位和定形点（圆心和确定半径的点）处于绘图边界内时，它的一部分圆弧可能位于绘图区域之外。

1.6.2 绘图单位

1. 运行方式

命令行：Units/Ddunits。

"Ddunits"命令用于设置长度单位和角度单位的制式及精度。

一般地，用中望CAD软件绘图时使用实际尺寸（1:1），打印出图时再设置比例因子，在开始绘图前，需要弄清绘图单位和实际单位之间的关系。例如，可以规定一个线性单位代表1cm、1m或1km等；另外，也可以规定角度测量方式，对于线性单位和角度单位，都可以设定显示数值精度，如显示小数的位数，精度设置仅影响距离、角度和坐标的显示，中望CAD软件总是用浮点精度存储距离、角度和坐标。

2. 操作步骤

　　执行"Ddunits"命令后，系统将弹出图1-22所示的"图形单位"对话框。

图1-22　"图形单位"对话框

💡 **"图形单位"对话框中各选项说明如下：**

　　长度类型：设置测量单位当前的类型，包括小数、工程、建筑、科学和分数五种类型，见表1-3。

表1-3　长度单位类型

单位类型	精度	举例	单位含义
小 数	0.000	5.948	我国工程界普遍采用十进制表达方式
工 程	0′, 0.0″	8′, 2.6″	十进制英尺与英寸表达方式，其绘图单位为英寸
建 筑	0′, 0 1/4″	1′, 3 1/2″	欧美建筑业常用表达方式，其绘图单位为英寸
科 学	0.00E + 01	1.08E + 05	科学计数法表达方式
分 数	0 1/8	165/8	分数表达方式

　　长度精度：设置线型测量值显示的小数位数或分数大小。

　　角度类型：设置当前角度单位类型，包括百分度、度/分/秒、弧度、勘测单位、十进制度数五种，见表1-4。默认选择十进制度数。

表1-4　角度单位类型

单位类型	精度	举例	单位含义
百分度	0.0g	35.8g	十进制数表示梯度，以"g"为后缀
度/分/秒	0d00′00″	28d18′12″	用"d"表示度，′表示分，″表示秒
弧度	0.0r	0.9r	十进制数，以"r"为后缀
勘测单位	N0d00′00″E	N44d30′0″E S35d30′0″W	该例表示北偏东北44.5°，勘测角度表示从南（S）北（N）到东（E）西（W）的角度，其值总是小于90°，且大于0°
十进制度数	0.00	48.48	十进制数，我国工程界多用

　　角度精度：设置当前角度显示的精度。

　　顺时针：规定输入角度值时角度生成的方向，默认逆时针方向角度为正；若勾选"顺时针"，则确定顺时针方向角度为正。

单位比例拖放内容：控制插入当前图形中的块和图形的测量单位。

方向（D）：单击图1-22中的"方向（D）"按钮，出现"方向控制"对话框，如图1-23所示，规定0°的位置。默认情况下，0°在"东"或"3点"的位置。

图1-23 "方向控制"对话框

温馨提示

基准角的设置对勘测角度没有影响。

任务1.7 定制中望CAD工具栏

QR 微课视频直通车006：
本视频主要介绍定制中望CAD工具栏。
打开手机微信扫描右侧二维码观看学习吧！

1）命令行：Customize。

2）功能区："工具"→"自定义"→"自定义工具"。

中望CAD软件提供的工具栏可快速地调用命令。用户可通过增加、删除或重排列、优化等功能设置工具栏，以使其更适应工作。也可以建立自己适用的工具栏。

执行"Customize"命令后，系统弹出图1-24所示的"定制"对话框，选择"工具栏"选项卡。

定制一个新工具栏，包括新建工具栏和在新工具栏中自定义按钮。

1. 新建工具栏

新建工具栏的操作步骤如下：

1）单击"工具栏"选项卡中的"新建"按钮，系统提示"自定义ZWCAD菜单文件会导致在升级到新版本时出现移植问题"，直接单击"是"按钮，开始新建工具栏，如图1-25所示。

2）接着系统弹出"新建工具栏"对话框，如图1-26所示。

3）输入名称后单击"确定"按钮，"定制"对话框的工具栏列表中将新增一个工具栏，同时在软件界面上也会生成一个空白的工具栏。

2. 在工具栏中增加按钮

1）首先确保要修改的工具栏是可见的，执行"Customize"命令，单击"工具栏"选项卡。

2）在对话框中"命令"选项卡的"类别"列表中，选择一个工具栏后，在"按钮"区将显示相关的工具按钮。

图 1-24 "定制"对话框

图 1-25 "自定义 ZWCAD 菜单组"对话框

3）从"按钮"区拖动一个按钮到对话框外的某个工具栏上。

4）如果要修改工具按钮的提示、帮助字符和命令，可在执行"Customize"命令的前提下，选中要修改的按钮，单击右键选择"特性"项，弹出"按钮特性"对话框，即可从中修改工具按钮的提示、帮助字符和命令，如图 1-27所示。

5）如果需要增加另一个工具按钮，则重复步骤3）。

图 1-26 "新建工具栏"对话框

6）完成后单击"关闭"按钮。

3. 在工具栏中删除按钮

1）删除工具栏中的某个按钮时，应首先确保要修改的工具栏是可见的，然后执行"Customize"命令。

2）右键单击工具栏中想要删除的工具按钮。

3）在弹出的右键快捷菜单中单击"删除"，如图 1-28 所示。

图1-27 "按钮特性"对话框　　　　图1-28 "工具栏"右键快捷菜单

任务1.8　设置中望 CAD 坐标系统

QR 微课视频直通车 007：
本视频主要介绍设置中望 CAD 坐标系统。
打开手机微信扫描右侧二维码观看学习吧！

1.8.1　笛卡儿坐标系统

中望 CAD 使用了多种坐标系统以方便绘图，如笛卡儿坐标系统（CCS）、世界坐标系统（WCS）和用户坐标系统（UCS）等。

任何一个物体都是由三维点构成的，有了某个点的三维坐标值，就可以确定该点的空间位置。中望 CAD 采用三维笛卡儿坐标系来确定点的位置，用户执行操作时会自动进入笛卡儿坐标系的第一象限（即世界坐标系统）。在屏幕显示状态栏中显示的三维数值即为当前十字光标所处的空间点在笛卡儿坐标系中的位置。由于在默认状态下，绘图区中只能看到 XOY 平面，只有 X 轴和 Y 轴的坐标值在不断变化，而 Z 轴的坐标值一直为 0。因此可以看作平面直角坐标系。

在 XOY 平面上绘制、编辑图形时，只需输入 X、Y 轴的坐标值，Z 轴坐标值由 CAD 自动赋值为 0。

1.8.2　世界坐标系统

世界坐标系统（WCS）是使用中望 CAD 绘制和编辑图形过程中的基本坐标系统，也是进入中望 CAD 后的默认坐标系统。WCS 由三个正交于原点的坐标轴 X、Y、Z 组成。WCS 的坐标原点和坐标轴是固定的，不会随用户的操作而发生变化。

世界坐标系统坐标轴的默认方向是 X 轴的正方向水平向右，Y 轴的正方向垂直向上，Z 轴的正方向垂直于屏幕指向用户。坐标原点在绘图区的左下角，系统默认的 Z 坐标值为 0，如果用户没有另外设定 Z 坐标值，则所绘图形只能是 XY 平面的图形，如图 1-29 所示。图 1-29a 所示为中望 CAD 坐标系统的图标，而图 1-29b 所示为 2007 版之前的世界坐标系统，图标上有一个"W"，即单词"World"（世界）的第一个字母。

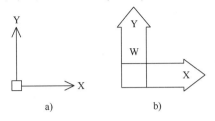

图1-29　世界坐标系统

 随堂练习

1. 选择题

（1）源文件格式是（　　）。

A. ＊.dwg　　　　　　　B. ＊.dxf　　　　　　　C. ＊.dwt　　　　　　　D. ＊.dws

（2）以下关于Zoom（缩放）和Pan（平移）的说法中，正确的是（　　）。

A. Zoom改变实体在屏幕上的显示大小，也改变实体的实际尺寸

B. Zoom改变实体在屏幕上的显示大小，但不改变实体的实际尺寸

C. Pan改变实体在屏幕上的显示位置，也改变实体的实际位置

D. Pan改变实体在屏幕上的显示位置，起始坐标值随之改变

（3）在CAD中，用鼠标选择删除目标和用工具栏删除命令删除目标时，对先选目标和后选目标而言，操作鼠标按钮的次数（　　）。

A. 先选目标时多操作一次　　　　　　B. 后选目标时少操作一次

C. 后选目标时多操作一次　　　　　　D. 都一样

（4）关于CAD的"Move"命令的移动基点，描述正确的是（　　）。

A. 必须选择坐标原点　　　　　　　　B. 必须选择图形上的特殊点

C. 可以是绘图区域上的任意点　　　　D. 可以直接按＜Enter＞键选择

2. 操作题

打开一个DWG格式文件并进行基础环境设置，再将操作界面调整为CAD经典模式。

项目小结笔记

_____

_____

_____

_____

_____

_____

_____

项目2

图形绘制

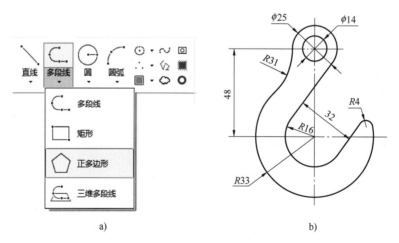

学习目标

通过对本项目的学习，掌握以下技能与方法：

☑ 能够使用直线命令绘制一个菱形。

☑ 能够在操作界面中使用对象捕捉功能绘制一个圆。

☑ 能够使用直线、圆、椭圆和椭圆弧命令绘制一个脸盆图形。

☑ 能够使用正多边形命令绘制一个内接圆半径为 50mm 的正六边形。

任务内容

学习并探索中望 CAD 软件中的图形绘制命令使用方法，依据图 2-1 所示的尺寸自行图形绘制。

图 2-1　图形绘制命令和所绘图形

实施条件

1. 台式计算机或便携式计算机。
2. 中望 CAD 正版软件。

▨▨ 任务实施 ▨

中望 CAD 软件提供了丰富的创建二维图形的工具。本项目主要介绍中望 CAD 软件中的基本二维绘图命令，常用二维绘图命令有 Point、Line、Circle 等；同时分享一些绘图过程中的经验与技巧。

▶▲ 任务 2.1 绘制直线 ▲◀

QR 微课视频直通车 008：

本视频主要介绍中望 CAD 直线的绘制。

打开手机微信扫描右侧二维码观看学习吧！

1. 运行方式

1) 命令行：Line（L）。

2) 功能区："常用" → "绘制" → "直线"。

3) 工具栏："绘图" → "直线" ✐。

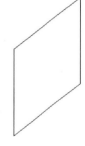

直线的绘制方法最简单，也是各种绘图应用中最常用的二维对象之一。用户可以使用中望 CAD 软件绘制任意长度的直线，输入点的 X、Y、Z 坐标，以指定二维或三维坐标的起点与终点。

2. 操作步骤

图 2-2　菱形

绘制一个菱形，如图 2-2 所示，按如下步骤操作：

命令:Line	执行 Line 命令
指定第一个点:100,100	输入绝对直角坐标(X,Y),确定第 1 点
指定下一点或[角度(A)/长度(L)/放弃(U)]:A	输入 A,以角度和长度来确定第 2 点
指定角度:90	输入角度值 90
指定长度:100	输入长度值 100
指定下一点或[角度(A)/长度(L)/放弃(U)]:@ 80,60	输入相对直角坐标@ (X,Y),确定第 3 点
指定下一点或[角度(A)/长度(L)/闭合(C)/放弃(U)]:@ 100〈 -90	输入相对极坐标@ "距离" < "角度",确定第 4 点
指定下一点或[角度(A)/长度(L)/闭合(C)/放弃(U)]:C	输入 C,闭合二维线段

以上是通过相对坐标和极坐标方式来确定直线的定位点，目的是练习中望 CAD 中的精确绘图。

⚙ 直线命令的选项介绍如下：

角度（A）：是直线段与当前 UCS 的 X 轴之间的角度。

　　长度（L）：是两点间的直线距离。

　　放弃（U）：撤销最近绘制的一条直线段。在命令行中输入"U"，按回车键，则重新指定新的终点。

　　闭合（C）：将第一条直线段的起点和最后一条直线段的终点连接起来，形成一个封闭区域。

　　〈终点〉：按回车键后，命令行默认最后一点为终点，无论该二维线段是否闭合。

注意

　　1）由直线组成的图形，每条线段都是独立对象，可对每条直线段进行单独编辑。

　　2）在结束 Line 命令后，再次执行 Line 命令时，根据命令行提示，直接按回车键，则以上次最后绘制的线段或圆弧的终点作为当前线段的起点。

　　3）在命令行提示下输入三维点的坐标，则可以绘制三维直线段。

任务 2.2　绘制圆

QR 微课视频直通车 009：
　　本视频主要介绍中望 CAD 圆的绘制。
　　打开手机微信扫描右侧二维码观看学习吧！

1. 运行方式

1）命令行：Circle（C）。

2）功能区："常用" → "绘制" → "圆"。

3）工具栏："绘图" → "圆" 。

　　圆是工程制图中常用的对象之一，它可以代表孔、轴和柱等对象。用户可根据不同的已知条件创建所需圆对象，中望 CAD 默认情况下提供了六种按不同已知条件创建圆对象的方法。

2. 操作步骤

　　这里介绍其中四种创建圆对象的方法。绘制图 2-3 所示的图形，按如下步骤操作。

命令:Circle	执行 Circle 命令
指定圆的圆心或[三点(3P)/两点(2P)/切点、切点、半径(T)]:2P	输入 2P,指定圆直径上的两个点绘制圆
指定圆的直径的第一个端点:	拾取端点 1
指定圆的直径的第二个端点:	拾取端点 2

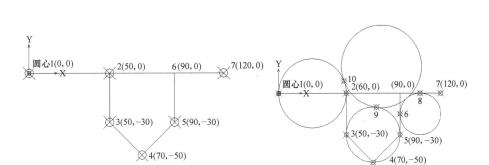

图 2-3 使用对象捕捉功能确定圆对象

再次按回车键，执行 Circle 命令，看到"指定圆的圆心或［三点（3P）/两点（2P）/切点、切点、半径（T）］:"提示后，在命令行里输入"3P"，按回车键，指定圆上第一点为3、第二点为4、第三点为5，以三点方式完成圆对象的创建。

重复执行 Circle 命令，看到"指定圆的圆心或［三点（3P）/两点（2P）/切点、切点、半径（T）］:"提示后，在命令行里输入"T"，按回车键，指定对象与圆的第一个切点为6、第二切点为7；看到"指定圆的半径:"提示后，输入"15"，按回车键，结束第三个圆对象的绘制。

单击"常用"→"绘制"→"中心点，半径"命令 ，可以看到"指定圆的半径或［直径（D）］:"提示，输入半径值"20"，或在命令行里输入"D"，并输入直径值"40"。

同理，单击"常用"→"绘制"→"中心点，直径"命令 ，可以看到"指定圆的半径或［直径（D）］:"提示，输入半径值"20"，或在命令行里输入"D"，并输入直径值"40"。

单击"常用"→"绘制"→"相切、相切、相切（A）"命令 ，在命令行看到"指定圆上的第一点:_tan 到"提示后，拾取切点8，再依次拾取切点9和10，第四个圆对象绘制完毕。

💡 **圆命令的选项介绍如下:**

两点（2P）:通过指定圆直径上的两个点绘制圆。

三点（3P）:通过指定圆周上的三个点来绘制圆。

T（切点、切点、半径）:通过指定相切的两个对象和半径来绘制圆。

注意

1）如果放大圆对象或者切点，有时看起来不圆滑或者没有相切，这其实只是一个显示问题，只需在命令行输入"Regen"（RE），并按回车键，圆对象即可变得光滑；也可以把 Viewres 的数值调大，画出的圆就更加光滑。

2）绘图命令中嵌套着撤销命令"Undo"，如果画错了不必立即结束当前绘图命令，重新再画时，只需在命令行中输入"U"，并按回车键，软件会自动撤销上一步操作。

任务2.3　绘制圆弧

QR 微课视频直通车 010：
本视频主要介绍中望 CAD 圆弧的绘制。
打开手机微信扫描右侧二维码来观看学习吧！

1. 运行方式

1）命令行：Arc（A）。

2）功能区："常用"→"绘制"→"圆弧"。

3）工具栏："绘图"→"圆弧" 。

圆弧也是工程制图中的常用对象。绘制圆弧的方法有多种，可以指定三点画弧，也可以指定弧的起点、中心点和终点来画弧，或者指定弧的起点、中心点和角度画弧，还可以指定圆弧的角度、半径、方向和弦长等来画弧。中望 CAD 提供了 11 种绘制圆弧的方式，如图2-4 所示。

2. 操作步骤

下面介绍一种绘制圆弧的方式：三点画弧。按如下步骤操作，如图2-5 所示。

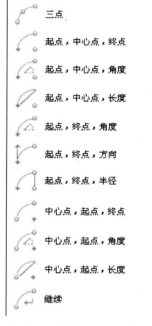

	三点
	起点，中心点，终点
	起点，中心点，角度
	起点，中心点，长度
	起点，终点，角度
	起点，终点，方向
	起点，终点，半径
	中心点，起点，终点
	中心点，起点，角度
	中心点，起点，长度
	继续

命令:Arc	执行 Arc 命令
指定圆弧的起点或[圆心(C)]：	指定第 1 点
指定圆弧的第二个点或[圆心(C)/端点(E)]：	指定第 2 点
指定圆弧的端点：	指定第 3 点

图 2-4　绘制圆弧的方式

利用直线和圆弧绘制单门的步骤如图2-6 所示。

图 2-5　三点画弧

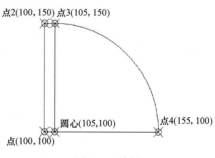

点2(100,150) 点3(105,150)

圆心(105,100)

点(100,100)

点4(155,100)

图 2-6　单门

命令:Line	执行 Line 命令
指定第一个点:100,100	输入绝对直角坐标(X,Y)，确定第 1 点
指定下一点或[角度(A)/长度(L)/放弃(U)]:A	输入 A,以角度和长度来确定第 2 点

指定角度:90	输入角度值90°
指定长度:50	输入长度值50mm
指定下一点或[角度(A)/长度(L)/放弃(U)]:A	输入A,以角度和长度来确定第3点
指定角度:0	输入角度值0°
指定长度:5	输入长度值5mm
指定下一点或[角度(A)/长度(L)/放弃(U)]:A	输入A,以角度和长度来确定第4点
指定角度:-90	输入角度值-90°
指定长度:50	输入长度值50mm
指定下一点或[角度(A)/长度(L)/闭合(C)/放弃(U)]:C	输入C,闭合二维线段
命令:Arc	执行Arc命令
指定圆弧的起点或[圆心(C)]:	指定第4点
指定圆弧的第二个点或[圆心(C)/端点(E)]:	指定圆心
指定圆弧的端点:	指定第3点
命令:Line	执行Line命令
指定第一个点:	指定圆心
指定下一点或[角度(A)/长度(L)/放弃(U)]:	指定第4点

另外,还可以用以下三种方式创建所需圆弧对象,如图2-7所示。

 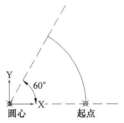 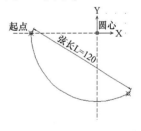

a)"起点-圆心-终点"方式　　b)"起点-圆心-角度"方式　　c)"起点-圆心-长度"方式

图2-7　创建圆弧对象

圆弧命令的选项介绍如下:

三点:指定圆弧的起点、终点以及圆弧上任意一点。

起点:指定圆弧的起点。

半径:指定圆弧的半径。

端点(E):指定圆弧的终点。

圆心(C):指定圆弧的圆心。

长度(L):指定圆弧的弦长。

方向(D):指定圆弧的起点切向。

角度(A):指定圆弧包含的角度。默认情况下,顺时针方向为负,逆时针方向为正。

> **注意**
> 圆弧的角度与半径值均有正、负之分。默认情况下，中望 CAD 在逆时针方向上绘制出较小的圆弧，如果输入负数半径值，则绘制出较大的圆弧。同理，指定角度时从起点到终点的圆弧方向，输入角度值是逆时针方向，如果输入负数角度值，则是顺时针方向。

▶ 任务 2.4 绘制椭圆和椭圆弧 ◀

QR 微课视频直通车 011：
本视频主要介绍中望 CAD 椭圆和椭圆弧的绘制。
打开手机微信扫描右侧二维码来观看学习吧！

1. 运行方式

1）命令行：Ellipse（EL）。

2）功能区："常用" → "绘制" → "椭圆"。

3）工具栏："绘图" → "椭圆" ⬭ 。

椭圆对象包括圆心、长轴和短轴。椭圆是一种特殊的圆，它的中心到圆周上的距离是变化的，而部分椭圆就是椭圆弧。

2. 操作步骤

图 2-8a 所示为以椭圆中心点为椭圆圆心，分别指定椭圆的长轴和短轴；图 2-8b 所示为以椭圆轴的两个端点和另一轴半长来绘制椭圆。以图 2-8a 为例绘制椭圆，按如下步骤操作：

命令:Ellipse	执行 Ellipse 命令
指定椭圆的轴端点或[圆弧(A)/中心点(C)]:C	以椭圆圆心为中心点
指定椭圆的中心点:	指定椭圆圆心
指定轴的端点:	指定点 2
指定另一条半轴长度或[旋转(R)]:	指定点 3

如图 2-9 所示，利用所学到的直线、圆、椭圆和椭圆弧指定绘制脸盆形状的步骤如下：

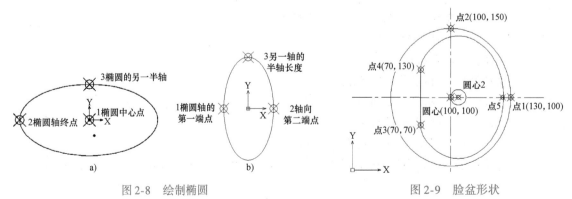

图 2-8 绘制椭圆   图 2-9 脸盆形状

命令:Ellipse	执行 Ellipse 命令
指定椭圆的轴端点或[圆弧(A)/中心点(C)]:C	以中心点为圆心
指定椭圆的中心点:	指定椭圆圆心
指定轴的端点:	指定点 1
指定另一条半轴长度或[旋转(R)]:	指定点 2

命令:Ellipse	执行 Ellipse 命令,绘制椭圆弧
指定椭圆的轴端点或[圆弧(A)/中心点(C)]:C	确定椭圆弧的圆心
指定椭圆的中心点:	指定圆心 2
指定轴的端点:	指定点 5
指定另一条半轴长度或[旋转(R)]:	35
指定起始角度或[参数(P)]:	指定点 3
指定终止角度或[参数(P)/包含角度(I)]:	指定点 4

命令:Line	执行 Line 命令
指定第一个点:	指定点 3
指定下一点或[角度(A)/长度(L)/放弃(U)]:	指定点 4
	输入 A,以角度方式来确定第 2 点

命令:Circle	执行 Circle 命令
指定圆的圆心或[三点(3P)/两点(2P)/切点、切点、半径(T)]:	以圆心 2 为小圆的圆心
指定圆的半径或[直径(D)]:	选择椭圆圆心

💡 椭圆命令的选项介绍如下:

中心点 (C)：通过指定中心点来创建椭圆或椭圆弧对象。

圆弧 (A)：绘制椭圆弧。

旋转 (R)：按长轴与短轴之比来确定椭圆的短轴。

参数 (P)：以矢量参数方程式来计算椭圆弧的端点角度。

包含角度 (I)：所创建的椭圆弧从起始角度开始包含的角度值。

注意

1）Ellipse 命令绘制的椭圆同圆一样，不能用 Explode、Pedit 等命令修改。

2）通过系统变量 Pellipse 控制 Ellipse 命令创建的对象是真的椭圆还是以多段线表示的椭圆：当 Pellipse 设置为"0"，即默认值时，绘制的椭圆是真的椭圆；当该变量设置为"1"时，绘制的椭圆对象由多段线组成。

3）"旋转 (R)"选项可输入的角度值范围是 0°~89.4°。若输入 0，则绘制的为圆。输入值越大，椭圆的离心率就越大。

任务 2.5　绘制点

1. 运行方式

1) 命令行：Point。

2) 功能区："常用"→"绘制"→"点"。

3) 工具栏："绘图"→"点" 。

点不仅可以表示一个小的实体，而且可以作为绘图的参考标记。中望 CAD 提供了 20 种点样式，如图 2-10 所示。

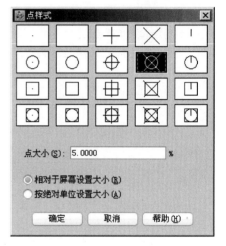

图 2-10　"点样式"设置对话框

设置点样式的选项介绍如下：

1) 相对于屏幕设置大小。以屏幕尺寸的百分比设置点的显示大小。在进行缩放时，点的显示大小不随其他对象的变化而改变。

2) 按绝对单位设置大小。以指定的实际单位值来显示点。在进行缩放时，点的大小也将随其他对象的变化而变化。

2. 操作步骤

如图 2-11 所示为根据等边三角形的三个顶点创建点标记，按如下步骤操作：

命令:Point	执行 Point 命令
指定一点或[设置(S)/多次(M)]:	输入 M,以多点方式创建点标记
指定一点或[设置(S)]:	拾取端点 1
指定一点或[设置(S)]:	拾取端点 2
指定一点或[设置(S)]:	拾取端点 3

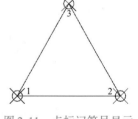

图 2-11　点标记符号显示

（1）分割对象　利用定数等分（Divide）命令 ，沿着直线或圆周方向均匀间隔一段距离排列点实体或块。以圆为对象，用块名为 C1 的○分割为三等份，如图 2-12 所示。

命令:Divide	执行 Divide 命令
选择要定数等分的对象:	选取圆对象

输入线段数目或[块(B)]:B	输入 B
输入要插入的块名:C1	输入图块名称
是否将块与对象对齐? [是(Y)/否(N)]〈是(Y)〉:Y	输入 Y
输入线段数目:3	输入 3

（2）测量对象　利用定距等分（Measure）命令🖉，在实体上按测量的间距排列点实体或块。把周长为 550mm 的圆，用块名为 C1 的对象，以 100mm 为分段弧长，测量圆对象，如图 2-13 所示。

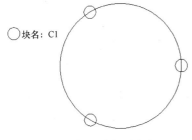

图 2-12　分割对象

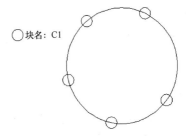

图 2-13　测量对象

命令:Measure	执行 Measure 命令
选择要定距等分的对象:	选取圆对象
指定线段长度或[块(B)]:	输入 B
输入要插入的块名:C1	输入图块名称
是否将块与对象对齐? [是(Y)/否(N)]〈是(Y)〉:Y	输入 Y
指定线段长度:100	输入 100mm

注意

1）可通过在屏幕上拾取点或者输入坐标值来指定所需的点。在三维空间内，也可指定 Z 坐标值来创建点。

2）创建好参考点对象之后，可以使用节点（Node）对象捕捉来捕捉改点。

3）用 Divide 或 Measure 命令插入图块时，应先定义图块。

任务2.6　徒手画线

QR 微课视频直通车 013:
本视频主要介绍中望 CAD 徒手画线的绘制。
打开手机微信扫描右侧二维码来观看学习吧！

1. 运行方式

命令行：Sketch。

徒手画线对于创建不规则边界或使用数字化仪追踪非常有用,可以使用 Sketch 命令徒手绘制图形、轮廓线及签名等。

在中望 CAD 中,Sketch 命令没有对应的菜单或工具按钮,因此要使用该命令,必须在命令行中输入 Sketch,按回车键,即可启动徒手画线的命令。输入分段长度后,屏幕上会出现一支铅笔形状,鼠标轨迹变为线条。

2. 操作步骤

执行此命令,并根据命令行提示指定分段长度后,将显示如下提示信息:

```
命令:Sketch
记录增量<1.0000>:
徒手画. 画笔(P)/退出(X)/结束(Q)/记录(R)/删除(E)/连接(C):
<笔 落><笔 提>......:
```

绘制草图时,定点设备就像画笔一样。单击定点设备将把"画笔"放到屏幕上进行绘图,再次单击将收起画笔并停止绘图。徒手画由许多条线段组成,每条线段都可以是独立的对象或多段线。可以设置线段的最小长度或增量。使用较小的线段可以提高精度,但会明显增加图形文件的大小,因此,要尽量少使用此工具。

任务 2.7　绘制圆环

QR 微课视频直通车 014:

本视频主要介绍中望 CAD 圆环的绘制。

打开手机微信扫描右侧二维码来观看学习吧!

1. 运行方式

1)命令行:Donut(DO)。

2)功能区:"常用"→"绘制"→"圆环"。

3)工具栏:"绘图"→"圆环" ◉。

圆环是由圆心相同、直径不相等的两个圆组成的。控制圆环的主要参数是圆心、内直径和外直径。如果内直径为 0,则圆环为填充圆。如果内直径与外直径相等,则圆环为普通圆。圆环经常用在电路图中来代表一些元件符号。

2. 操作步骤

绘制图 2-14a 所示圆环,按如下步骤操作。

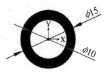

| a) 绘制圆环 | b) 圆环体内直径为0 | c) 关闭圆环填充 | d) 圆环体内直径为0 |

图 2-14　绘制圆环

命令:Fill	执行 Fill 命令
FILLMODE 已经关闭：打开(ON)/切换(T)/〈关闭〉:ON	输入 ON,打开填充设置
命令:Donut	执行 Donut 命令
指定圆环的内径〈10.0000〉:10	指定圆环内直径为 10mm
指定圆环的外径〈15.0000〉:15	输入圆环外直径为 15mm
指定圆环的中心点或〈退出〉:	指定圆环的中心为坐标原点

圆环命令的选项介绍如下：

圆环的内径：圆环体内圆直径。

圆环的外径：圆环体外圆直径。

注意

1）可以使用编辑多段线（Pedit）命令编辑圆环对象。

2）可以使用分解（Explode）命令将圆环对象转化为圆弧对象。

3）开启填充（Fill = ON）时，圆环显示为填充模式，如图 2-14a、b 所示。

4）关闭填充（Fill = OFF）时，圆环显示为非填充模式，如图 2-14c、d 所示。

任务 2.8　绘制矩形

QR 微课视频直通车 015：

本视频主要介绍中望 CAD 矩形的绘制。

打开手机微信扫描右侧二维码来观看学习吧！

1. 运行方式

1）命令行：Rectang（REC）。

2）功能区："常用"→"绘制"→"矩形"。

3）工具栏："绘图"→"矩形"。

通过确定矩形对角线上的两个点来绘制矩形。

2. 操作步骤

绘制矩形，按如下步骤操作，如图 2-15 所示。

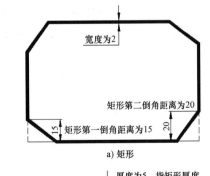

a) 矩形

b) 通过左视图或右视图查看标高值和厚度

图 2-15　绘制矩形

命令:Rectang	执行 Rectang 命令
指定第一个角点或[倒角(C)/标高(E)/圆角(F)/厚度(T)/宽度(W)]:C	输入 C,设置倒角参数
指定矩形的第一个倒角距离<0.0000>:15	输入第一倒角距离 15mm
指定矩形的第二个倒角距离<15.0000>:20	输入第二倒角距离 20mm
指定第一个角点或[倒角(C)/标高(E)/圆角(F)/厚度(T)/宽度(W)]:E	输入 E,设置标高值
指定矩形的标高<0.0000>:10	输入标高值为 10mm
指定第一个角点或[倒角(C)/标高(E)/圆角(F)/厚度(T)/宽度(W)]:T	输入 T,设置厚度值
指定矩形的厚度<0.0000>:5	输入厚度值为 5mm
指定第一个角点或[倒角(C)/标高(E)/圆角(F)/厚度(T)/宽度(W)]:W	输入 W,设置宽度值
指定矩形的线宽<0.0000>:2	设置宽度值为 2mm
指定第一个角点或[倒角(C)/标高(E)/圆角(F)/厚度(T)/宽度(W)]:	拾取第 1 对角点
指定其他的角点或[面积(A)/尺寸(D)/旋转(R)]:	拾取第 2 对角点

💡 矩形命令的选项介绍如下:

倒角 (C):设置矩形角的倒角距离。

标高 (E):确定矩形在三维空间内的基面高度。

圆角 (F):设置矩形角的圆角大小。

厚度 (T):设置矩形的厚度,即 Z 轴方向的高度。

宽度 (W):设置矩形的线宽。

面积 (A):如果已知矩形面积和其中一边的长度值,则可以使用面积方式创建矩形。

尺寸 (D):如果已知矩形的长度和宽度,则可以使用尺寸方式创建矩形。

旋转 (R):通过输入旋转角度选取另一对角点来确定显示方向。

注意

1)矩形选项中,除了面积一项以外,都会将所做的设置保存为默认设置。

2)矩形的属性其实是多段线对象,也可通过分解(Explode)命令把多段线转化为多条直线段。

▶▶▲ 任务2.9　绘制正多边形 ◀▲◀◀

QR 微课视频直通车 016:

本视频主要介绍中望 CAD 正多边形的绘制。

打开手机微信扫描右侧二维码来观看学习吧!

1. 运行方式

1)命令行:Polygon(POL)。

2）功能区："常用"→"绘制"→
"正多边形"。

3）工具栏："绘图"→"正多边
形" 。

在中望 CAD 中，绘制正多边形的
命令是 Polygon，它可以精确地绘制具
有 3 ~ 1024 条边的正多边形。

2. 操作步骤

绘制正六边形，按如下步骤操作，
如图 2-16 所示。

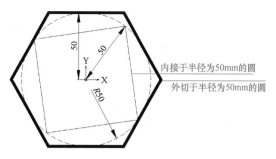

内接于半径为50mm的圆
外切于半径为50mm的圆

图 2-16　以外切于圆和内接于圆方式绘制多边形

命令:Polygon	执行 Polygon 命令
[多个(M)/线宽(W)] 或 输入边的数目〈4〉:W	输入 W
多段线宽度〈0〉:2	输入宽度值2mm
[多个(M)/线宽(W)] 或 输入边的数目〈4〉:6	输入多边形的边数6
指定正多边形的中心点或[边(E)]:	拾取坐标原点
输入选项[内接于圆(I)/外切于圆(C)]〈I〉:C	输入 C
指定圆的半径:50	输入外切圆的半径50mm
命令:Polygon	再次执行 Polygon 命令
[多个(M)/线宽(W)] 或 输入边的数目〈4〉:4	输入多边形的边数4
指定正多边形的中心点或[边(E)]:	拾取坐标原点
输入选项[内接于圆(I)/外切于圆(C)]〈I〉:I	输入 I
指定圆的半径:50	输入内接圆的半径50mm

💡 正多边形命令的选项介绍如下：

多个（M）：如果需要创建同一属性的正多边形，在执行 Polygon（POL）命令
后，首先输入 M，输入完所需参数值后，就可以连续指定位置放置正多边形。

线宽（W）：指定正多边形的多段线宽度值。

边（E）：通过指定边缘第 1 端点及第 2 端点，可确定正多边形的边长和旋转角度。

〈多边形中心〉：指定多边形的中心点。

内接于圆（I）：指定外接圆的半径，正多边形的所有顶点都在此圆周上。

外切于圆（C）：指定从正多边形中心点到各边中心的距离。

注意

使用 Polygon 命令绘制的正多边形是一条多段线，可用 Pedit 命令对其进行编辑。

任务 2.10　绘制多段线

QR 微课视频直通车 017：
本视频主要介绍中望 CAD 多段线的绘制。
打开手机微信扫描右侧二维码来观看学习吧！

1. 运行方式

1）命令行：Pline（PL）。

2）功能区："常用"→"绘制"→"多段线"。

3）工具栏："绘图"→"多段线"。

多段线由直线段或弧连接组成，作为单一对象使用。通过它可以绘制直线箭头和弧形箭头。

2. 操作步骤

绘制多段线，如图 2-17 所示，按如下步骤操作：

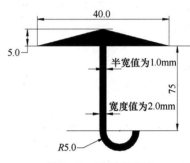

图 2-17　绘制多段线

命令:Pline	执行 Pline 命令
指定起点:100,100	以(100,100)作为起点
指定下一个点或[圆弧(A)/半宽(H)/长度(L)/放弃(U)/宽度(W)]:W	输入 W,设置宽度值
指定起点宽度<0.0000>:0	输入起始宽度值 0mm
指定端点宽度<0.0000>:40	输入终端宽度值 40mm
指定下一个点或[圆弧(A)/半宽(H)/长度(L)/放弃(U)/宽度(W)]:5	直接输入长度为 5mm
指定下一点或[圆弧(A)/闭合(C)/半宽(H)/长度(L)/放弃(U)/宽度(W)]:H	输入起始半宽
指定起点半宽<20.0000>:1	输入起始半宽
指定端点半宽<1.0000>:1	输入终端半宽
指定下一点或[圆弧(A)/闭合(C)/半宽(H)/长度(L)/放弃(U)/宽度(W)]:L	设置长度值
指定直线的长度:75	设置长度值
指定下一点或[圆弧(A)/闭合(C)/半宽(H)/长度(L)/放弃(U)/宽度(W)]:A	输入 A,选择画弧方式
指定圆弧的端点或 [角度(A)/圆心(CE)/闭合(CL)/方向(D)/半宽(H)/直线(L)/半径(R)/第二个点(S)/放弃(U)/ 宽度(W)]:R	输入 R
指定圆弧的半径:5	输入半径值 5mm
指定圆弧的端点或[角度(A)]:	指定圆弧的终点

💡 **多段线命令的选项介绍如下：**

圆弧（A）：指定圆弧的起点和终点绘制圆弧段。

角度（A）：指定圆弧从起点开始所包含的角度。

圆心（CE）：指定圆弧所在圆的圆心。

方向（D）：指定圆弧的起点切向。

半宽（H）：指定从多段线宽线段的中心到其一边的宽度。

直线（L）：退出"弧"模式，返回绘制多段线的主命令行，继续绘制线段。

半径（R）：指定圆弧所在圆的半径。

第二个点（S）：指定圆弧上的点和圆弧的终点，以三个点来绘制圆弧。

宽度（W）：带有宽度的多段线。

闭合（C）：通过在上一条线段的终点和多段线的起点间绘制一条线段来封闭多段线。

长度（L）：指定分段距离。

注意

系统变量 Fillmode 控制圆环和其他多段线的填充显示，设置 Fillmode 为关闭（值为 0）时，创建的多段线就为二维线框对象。

▶▲ 任务 2.11　绘制迹线 ◀◀

QR 微课视频直通车 018：
本视频主要介绍中望 CAD 迹线的绘制。
打开手机微信扫描右侧二维码来观看学习吧！

1. 运行方式

命令行：Trace。

Trace 命令用于绘制具有一定宽度的实体线。

2. 操作步骤

使用迹线绘制一个边长为 10mm、宽度为 2mm 的正方形，如图 2-18 所示，按如下步骤操作：

执行命令:Trace	执行 Trace 命令
指定宽线宽度〈1.0000〉:2	输入迹线宽度值 2mm
指定起点：	拾取点 A
指定下一点	拾取点 B
指定下一点	拾取点 C
指定下一点	拾取点 D

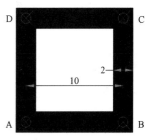

图 2-18　迹线绘制正方形

注意

1) Trace 命令不能自动封闭图形,既没有闭合(Close)选项,也不能放弃(Undo)操作。

2) 系统变量 Tracewid 可以设置默认迹线的宽度值。

任务2.12 绘制射线

QR 微课视频直通车 019:

本视频主要介绍中望 CAD 射线的绘制。

打开手机微信扫描右侧二维码来观看学习吧!

1. 运行方式

1) 命令行:Ray。

2) 功能区:"常用"→"绘制"→"射线"。

3) 工具栏:"绘图"→"射线" 。

射线是从一个指定点开始并且向一个方向无限延伸的直线。

2. 操作步骤

使用射线平分等边三角形的角,如图2-19所示,按如下步骤操作:

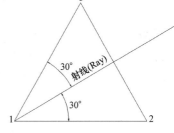

图2-19 用射线平分等边三角形的顶角

执行命令:Ray	执行 Ray 命令
射线:等分(B)/水平(H)/竖直(V)/角度(A)/偏移(O)/〈射线起点〉:B	输入 B,选择以等分形式引出射线
对象(E)/〈顶点〉:	拾取顶点 1
平分角起点:	拾取顶点 2
平分角终点:	拾取顶点 3
回车	射线自动生成

射线命令的选项介绍如下:

等分(B):垂直于已知对象或平分已知对象绘制等分射线。

水平(H):平行于当前 UCS 的 X 轴绘制水平射线。

竖直(V):平行于当前 UCS 的 Y 轴绘制竖直射线。

角度(A):指定角度绘制带有角度的射线。

偏移(O):以指定距离将选取的对象偏移并复制,使对象副本与源对象平行。

任务 2.13　绘制构造线

QR 微课视频直通车 020：
本视频主要介绍中望 CAD 构造线的绘制。
打开手机微信扫描右侧二维码来观看学习吧！

1. 运行方式

1）命令行：Xline（XL）。

2）功能区："常用"→"绘制"→"构造线"。

3）工具栏："绘图"→"构造线" 📏。

构造线是没有起点和终点的无穷延伸的直线。

2. 操作步骤

通过对象捕捉节点（Node）方式来绘制构造线，如图 2-20 所示，按如下步骤操作：

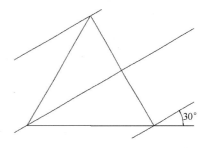

图 2-20　通过对象捕捉节点方式绘制构造线

执行命令：Xline	执行 Xline 命令
指定点或[水平(H)/垂直(V)/角度(A)/二等分(B)/偏移(O)]：A	选择以指定角度绘制构造线
输入构造线的角度(0)或[参照(R)]：30	构造线的指定角度为 30°
指定通过点：	依次指定三角形的 3 个顶点

💡 **构造线命令的选项介绍如下：**

水平（H）：平行于当前 UCS 的 X 轴绘制水平构造线。

垂直（V）：平行于当前 UCS 的 Y 轴绘制竖直构造线。

角度（A）：指定角度绘制带有角度的构造线。

二等分（B）：垂直于已知对象或平分已知对象绘制等分构造线。

偏移（O）：以指定距离将选取的对象偏移并复制，使对象副本与源对象平行。

注意

构造线作为临时参考线用于辅助绘图，参考完毕后，应将其删除，以免影响图形显示效果。

任务 2.14　绘制样条曲线

QR 微课视频直通车 021：
本视频主要介绍中望 CAD 样条曲线的绘制。
打开手机微信扫描右侧二维码来观看学习吧！

1. 运行方式

1）命令行：Spline（SPL）。

2）功能区："常用"→"绘制"→"样条曲线"。

3）工具栏："绘图"→"样条曲线" 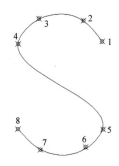。

样条曲线是由一组点定义的一条光滑曲线。可以用样条曲线生成地形图中的地形线、绘制盘形凸轮轮廓曲线及作为局部剖面的分界线等。

2. 操作步骤

使用样条曲线命令绘制一条 S 形曲线，如图 2-21所示，按如下步骤操作：

图 2-21　使用样条曲线命令绘制 S 形曲线

命令:Spline	执行 Spline 命令
指定第一个点或[对象(O)]:	拾取第 1 点
指定下一点:	拾取第 2 点
指定下一点或[闭合(C)/拟合公差(F)]〈起点切向〉:	拾取第 3 点
……	拾取第 4、5、6、7 点
指定下一点或[闭合(C)/拟合公差(F)]〈起点切向〉:	拾取第 8 点
指定起点切向:	单击鼠标右键
指定端点切向:	单击鼠标右键

> 🔆 **样条曲线命令的选项介绍如下：**
>
> 　闭合（C）：生成一条闭合的样条曲线。
>
> 　拟合公差（F）：输入曲线的偏差值。值越大，曲线相对越平滑。
>
> 　起点切向：指定起始点切线。
>
> 　端点切向：指定终点切线。

☑ 随堂练习

1. 选择题

（1）正多边形是具有 3 ~（　　）条等长边的封闭多段线。

A. 1023　　　　　　B. 1024　　　　　　C. 1025　　　　　　D. 1026

（2）要画出一条有宽度且各线段均属同一对象的线，要使用（　　）命令。

A. Line　　　　　　B. MLine　　　　　　C. Xline　　　　　　D. Pline

2. 绘图题

（1）按要求用直线命令绘制下面的图形。

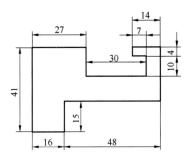

（2）按要求用直线、矩形命令绘制下面的图形。

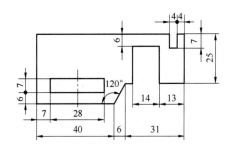

（3）按要求用直线、矩形、圆弧、圆命令绘制下面的图形。

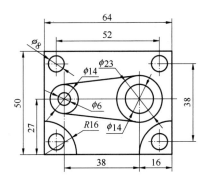

（4）按要求用正多边形、直线、圆、圆弧命令绘制下面的图形。

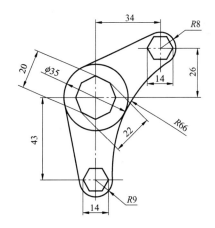

项目小结笔记

_____

_____

_____

_____

_____

_____

_____

项目3

编辑对象

学习目标

通过对本项目的学习，掌握以下技能与方法：
☑ 能够使用夹点编辑命令对夹点进行拉伸、平移、旋转和镜像。
☑ 能够在操作界面中使用旋转命令对图形进行90°旋转。
☑ 能够使用阵列命令进行环形阵列。
☑ 能够使用分解、圆角与倒角命令完成图形的绘制。

任务内容

学习并探索中望 CAD 软件中的编辑对象命令使用方法，依据图 3-1 所示尺寸进行图形绘制。

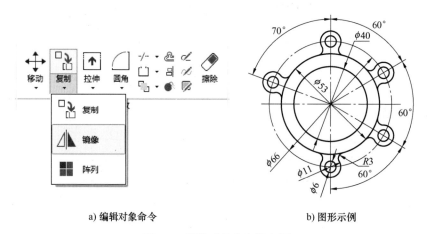

a) 编辑对象命令　　　　　　　　　b) 图形示例

图 3-1　编辑对象命令的应用

实施条件

1. 台式计算机或便携式计算机。
2. 中望 CAD 正版软件。

任务实施

编辑对象是对图形对象进行移动、旋转、复制、缩放等操作。中望 CAD 软件提供强大的图形编辑功能，可以帮助使用者合理地构造和组织图形，以获得准确的图形。合理地运用图形编辑命令可以极大地提高绘图效率。

本项目内容与绘图命令结合得非常紧密。通过本项目的学习，读者应该掌握图形编辑命令的使用方法，能够利用绘图命令和编辑命令绘制复杂的图形。

任务 3.1 选择对象

QR 微课视频直通车 022：
本视频主要介绍选择对象的操作。
打开手机微信扫描右侧二维码来观看学习吧！

在编辑图形前，首先要选择需要编辑的图形对象，然后对其进行设计。中望 CAD 会将所选择的对象以虚线显示，这些所选择的对象称为选择集。选择集可以包含单个对象，也可以包含更复杂的多个对象。

中望 CAD 提供了多种选择对象的方法。如图 3-2 所示，图中有很多图形，可以直接选择其中一部分；或者在执行某些命令时，当命令栏提示"选择对象"后，在命令行输入"?"，将显示如下提示信息：

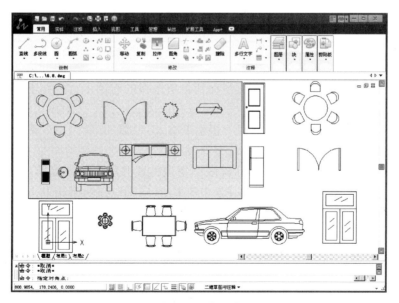

图 3-2 选择对象

需要点或窗口(W)/最后(L)/相交(C)/框(BOX)/全部(ALL)/围栏(F)/圈围(WP)/圈交(CP)/组(G)/添加(A)/删除(R)/多个(M)/上一个(P)/撤消(U)/自动(AU)/单个(SI)

🕐 以上各项的含义和功能说明如下：

需要点或窗口（W）：选取第一角点和对角点区域中所有对象。

最后（L）：选取在图形中最近创建的对象。

相交（C）：选取与矩形窗口相交或包含在矩形窗口内的所有对象。

框（BOX）：选择由两点定义的矩形内与之相交的所有对象。当矩形由右至左指定时，框选与相交等效；若矩形由左至右指定，则与窗选等效。

全部（ALL）：在当前图中选择所有对象。

围栏（F）：选取与选择框相交的所有对象。

圈围（WP）：选取完全在多边形选取窗中的对象。

圈交（CP）：选取多边形选取窗口所包含或与之相交的对象。

组（G）：选定制定组中的全部对象。

添加（A）：新增一个或以上的对象到选择集中。

删除（R）：从选择集中删除一个或以上的对象。

多个（M）：选择多个对象并亮显选取的对象。

上一个（P）：选取包含在上个选择集中的对象。

撤消（U）：取消最近添加到选择集中的对象。

自动（AU）：自动选择模式，指向一个对象即可选择该对象。若指向对象内部或外部的空白区，将形成框选方法定义的选择框的第一个角点。

单个（SI）：选择"单个"选项后，只能选择一个对象，若要继续选择其他对象，需要重新执行选择命令。

下面总结了几种选择对象的方法：

（1）直接选择对象　只需将拾取框移动到希望选择的对象上，并单击即可。对象被选择后，会以虚线形式显示。

（2）选择全部对象　在"选择对象"提示下输入"ALL"后按回车键，中望CAD将自动选中屏幕上的所有对象，如图3-3所示。

（3）窗口选择方式　将拾取框移动到图中空白位置并单击，会提示"指定对角点："，在该提示下将光标移到另一个位置后单击，中望CAD自动以这两个拾取点为对角点确定一个矩形拾取窗口。如果矩形窗口是从左向右定义的，那么窗口内部的对象均被选中，而窗口外部以及与窗口边界相交的对象不被选中；如果窗口是从右向左定义的，那么不仅窗口内部的对象被选中，与窗口边界相交的那些对象也被选中。

（4）矩形窗口选择方式　在"选择对象"提示下输入"W"后并按回车键，中望CAD会依次提示确定矩形拾取窗口内所有对象。在使用矩形窗口拾取方式时，无论是从左向右还是从右向左定义窗口，被选中的对象均为位于窗口内的对象，如图3-4所示。

（5）交叉矩形窗口选择方式　在"选择对象"提示下输入"C"并按回车键，中望CAD会依次提示确定矩形拾取窗口的两个角点，确定后，所选对象不仅包括位于矩形窗口内的对象，也包括与窗口边界相交的所有对象，如图3-5所示。

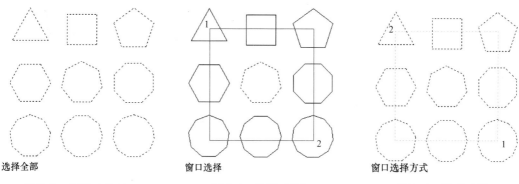

图 3-3 全部（ALL）   图 3-4 窗口（W）   图 3-5 相交（C）

（6）围栏选择方式 在"选择对象"提示下输入"F"后按回车键，中望 CAD 提示"第一个栏选点："，确定第一点后指定直线的端点或放弃，输入"U"然后按回车键，按接下来的提示确定其他各点后再按回车键，则与这些点确定的围线相交的对象被选中，如图 3-6 所示。

（7）多边形选择方式 在"选择对象"提示下输入"WP"后按回车键，中望 CAD 提示"第一个圈围点："，确定第一点后指定直线的端点或放弃，接下来选择 1、2、3，则完全在三角形窗口里的对象被选中，如图 3-7 所示。

在"选择对象"提示下输入"CP"后按回车键，中望 CAD 提示"第一个圈围点："，确定第一点后指定直线的端点或放弃，接下来选择 1、2、3，除了三角形窗口内的对象，与窗口边界相交的对象也会被选中，如图 3-8 所示。

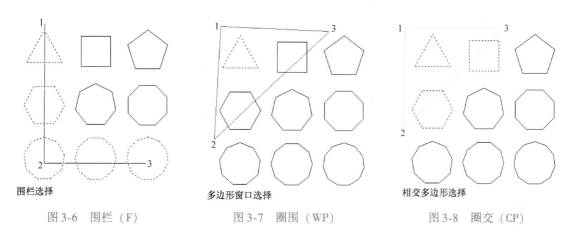

图 3-6 围栏（F）   图 3-7 圈围（WP）   图 3-8 圈交（CP）

注意

除了上述方法，还可以根据某一特殊性质来选择实体，如特定层中或特定颜色的所有实体，可以自动使用一些选择方法，无须显示提示框。如用鼠标左键，可以单击选择对象，或单击两点确定矩形选择框来选择对象。

▶▲ 任务 3.2　夹点编辑 ▲◀

3.2.1　夹点

如果在未启动命令的情况下，单击选中某图形对象，那么被选中的图形对象就会以虚线显示，而且被选中图形的特征点（如端点、圆心、象限点等）将显示为蓝色的小方框，如图 3-9 所示，这样的小方框称为夹点。

夹点有两种状态：未激活状态和被激活状态。如图 3-9 所示，选择某图形对象后出现的蓝色小方框，就是未激活状态的夹点。如果单击某个未激活夹点，该夹点将被激活，也就是我们说的热夹点，以红色小方框显示。以被激活的夹点为基点，可以对图形对象执行拉伸、平移、复制、缩放和镜像等基本修改操作。

图 3-9　夹点位置图例

要使用夹点来编辑，先选取对象以显示夹点，再选择夹点来使用。所选的夹点视所修改对象类型与所采用的编辑方式而定。如要移动直线对象，拖动直线中点处的夹点；要拉伸直线，拖动直线端点处的夹点。在使用夹点时，无须输入命令。

3.2.2　夹点拉伸

拉伸是夹点编辑的默认操作，不需要再输入拉伸命令 Stretch。当激活某个夹点以后，命令行提示如下：

命令： ＊＊拉伸＊＊ 指定拉伸点或[基点(B)/复制(C)/放弃(U)/退出(X)]：	此时直接拖动鼠标,就可以将热夹点拉伸到所需位置,如图 3-10 所示

如果不直接拖动鼠标，还可以选择中括号里的选项：

　　基点（B）：选择其他点作为拉伸的基点，而不是以选中的夹点为基准点。

　　复制（C）：可以对某个夹点进行连续多次拉伸，而且每拉伸一次，就会在拉伸后的位置上复制留下该图形，如图 3-11 所示，该操作实际上是拉伸和复制两项功能的结合。

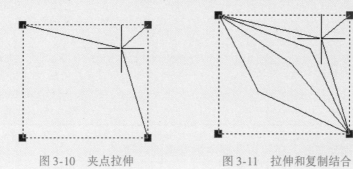

图 3-10　夹点拉伸　　　　　　　图 3-11　拉伸和复制结合

3.2.3　夹点平移

　　激活图形对象上的某个夹点，在命令行输入平移命令的简写"MO"，就可以平移该对象，如图 3-12 所示。命令行提示如下：

```
命令：
＊＊拉伸＊＊
指定拉伸点或[基点(B)/复制(C)/放弃(U)/退出(X)]:MO　切换到移动方式
＊＊移动＊＊
指定移动点或[基点(B)/复制(C)/放弃(U)/退出(X)]:　　拖动鼠标移动图形,如图3-12所
　　　　　　　　　　　　　　　　　　　　　　　　　　示,单击把图形放在合适位置
```

如果不直接拖动鼠标，还可以选择中括号里的选项：

　　基点（B）：选择其他点作为平移的基点，而不是以选中的夹点为基准点。

　　复制（C）：可以对某个夹点进行连续多次平移，而且每平移一次，就会在平移后的位置上复制留下该图形，如图 3-13 所示，该操作实际上是平移和复制两项功能的结合。

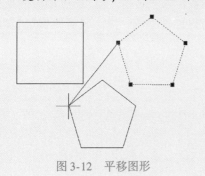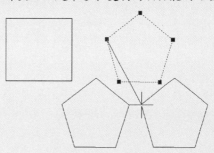

图 3-12　平移图形　　　　　　　图 3-13　平移与复制结合

3.2.4 夹点旋转

激活图形对象上的某个夹点，在命令行输入旋转命令的简写"RO"，就可以绕着热夹点旋转该对象，如图3-14所示。命令行提示如下：

命令：
* * 拉伸 * *
指定拉伸点或[基点(B)/复制(C)/放弃(U)/退出(X)]:RO　　切换到旋转方式
* * 旋转 * *
指定旋转角度或[基点(B)/复制(C)/放弃(U)/参照(R)/退出(X)]:　　拖动鼠标旋转图形,如图3-14
　　　　　　　　　　　　　　　　　　　　　　　　　　　　所示,通过单击或输入角度的
　　　　　　　　　　　　　　　　　　　　　　　　　　　　方法把图形转到所需位置

> 🍃 **如果不直接拖动鼠标，还可以选择中括号里的选项：**
>
> 基点（B）：选择其他点作为旋转的基点，而不是以选中的夹点为基准点。
> 复制（C）：可以对某个夹点进行连续多次旋转，而且每旋转一次，就会在旋转后的位置上复制留下该图形，如图3-15所示，该操作实际上是旋转和复制两项功能的结合。
> 参照（R）：将对象从指定的角度旋转到新的绝对角度。

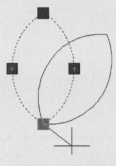　　

图3-14　旋转图形　　　　　　图3-15　旋转与复制结合

3.2.5 夹点镜像

激活图形对象上的某个夹点，在命令行输入镜像命令的简写"MI"，可以对图形进行镜像操作，如图3-16所示。其中热夹点已经被确定为对称轴上的一点，只需要确定另外一点，就可以确定对称轴的位置。具体操作方法如下：

命令：
* * 拉伸 * *
指定拉伸点或[基点(B)/复制(C)/放弃(U)/退出(X)]:MI　切换到镜像方式
* * 镜像 * *
指定第2点或[基点(B)/复制(C)/放弃(U)/退出(X)]:　　指定镜像轴的第2点,从而得到镜
　　　　　　　　　　　　　　　　　　　　　　　　　　像图形,如图3-16所示

> 如果不直接拖动鼠标，还可以选择中括号里的选项：

基点（B）：选择其他点作为镜像的基点，而不是以选中的夹点为基准点。

复制（C）：可以绕某个夹点进行连续多次镜像，而且每镜像一次，就会在镜像后的位置上复制留下该图形，如图 3-17 所示，该操作实际上是镜像和复制两项功能的结合。

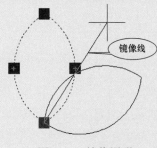

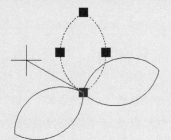

图 3-16 镜像图形　　　　　　图 3-17 镜像与复制结合

任务 3.3　常用编辑命令

在中望 CAD 中，不仅可以使用夹点来编辑对象，还可以通过"修改"菜单中的相关命令来实现此功能。

3.3.1　删除

1. 运行方式

1）命令行：Erase（E）。

2）功能区："常用"→"修改"→"擦除"。

3）工具栏："修改"→"删除" 。

删除图形文件中选取的对象。

2. 操作步骤

使用删除命令删除图 3-18a 中的圆形，结果如图 3-18b 所示。操作如下：

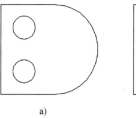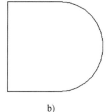

图 3-18 用 Erase 命令删除图形

命令:Erase	执行 Erase 命令
选择对象:找到1个	单击圆选取删除对象,提示选中数量
选择对象:找到1个,共计2个	单击圆选取删除对象,提示选中数量
	按回车键删除对象

注意

使用 Oops 命令，可以恢复最后一次使用删除命令删除的对象。如果要连续向前恢复被删除的对象，则需要使用取消命令 Undo。

3.3.2 移动

1. 运行方式

1) 命令行：Move（M）。

2) 功能区："常用" → "修改" → "移动"。

3) 工具栏："修改" → "移动" ✛。

将选取的对象以指定的距离从原来的位置
移动到新的位置。

2. 操作步骤

使用 Move 命令将图 3-19a 中上面 3 个圆向上
移动一定的距离，如图 3-19b 所示。操作如下：

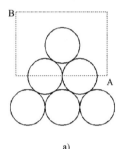
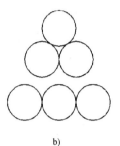

图 3-19 用 Move 命令移动图形

命令:Move	执行 Move 命令
选择对象:	单击点 A,指定窗选对象的第一点
指定对角点:找到 3 个	单击点 B,指定窗选对象的第二点
选择对象:	按回车键结束对象选择
指定基点或[位移(D)]〈位移〉:	指定移动的基点
指定第二点的位移或者〈使用第一点当作位移〉:	垂直向上指定另一点,移动成功

💡 **以上各项提示的含义和功能说明如下：**

基点：指定移动对象的开始点。移动对象距离和方向的计算会以起点为基准。
位移（D）：指定移动距离和方向的 X、Y、Z 值。

注意
用户可借助目标捕捉功能来确定移动的位置。移动对象时最好将极轴功能打开，
这样可以清楚地看到移动的距离及方位。

3.3.3 旋转

1. 运行方式

1）命令行：Rotate（RO）。

2）功能区："常用"→"修改"→"旋转"。

3）工具栏："修改"→"旋转" ↻ 。

通过指定的点来旋转选取的对象。

2. 操作步骤

使用 Rotate 命令将图 3-20a 中正方形内的两个螺栓复制旋转 90°，使得正方形的每个角都有一个螺栓，如图 3-20c 所示。操作如下：

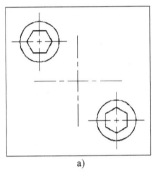 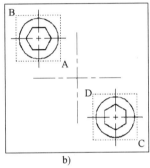 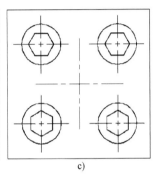

图 3-20 使用 Rotate 命令旋转对象

命令:Rotate	执行 Rotate 命令
UCS 当前的正角方向：ANGDIR = 逆时针 ANGBASE = 0	
选择对象：	单击点 A,指定窗选对象的第一点,如图 3-20b 所示
指定对角点:找到 9 个	单击点 B,指定窗选对象的第二点
选择对象：	单击点 C,指定窗选对象的第一点
指定对角点:找到 9 个,共 18 个	单击点 D,指定窗选对象的第二点
	提示已选择对象数,单击"确定"
指定基点：	选择正方形的中点作为基点
指定旋转角度或[复制(C)/参照(R)]<270>:C	选择复制旋转
指定旋转角度或[复制(C)/参照(R)]<270>:90	指定旋转 90°后按回车键,旋转并复制成功

> ⊙ 以上各项提示的含义和功能说明如下：
>
> 旋转角度：指定对象绕指定的点旋转的角度。旋转轴通过指定的基点，并且平行于当前用户坐标系的 Z 轴。
>
> 复制（C）：在旋转对象的同时创建对象的旋转副本。
>
> 参照（R）：将对象从指定的角度旋转到新的绝对角度。

> **注意**
> 对象相对于基点的旋转角度有正负之分，正角度表示沿逆时针方向旋转，负角度表示沿顺时针方向旋转。

3.3.4 复制

> **QR 微课视频直通车 026：**
> 本视频主要介绍中望 CAD 的复制命令。
> 打开手机微信扫描右侧二维码来观看学习吧!

1. 运行方式

1）命令行：Copy(CO/CP)。

2）功能区："常用"→"修改"→"复制"。

3）工具栏："修改"→"复制"。

将指定的对象复制到指定的位置上。

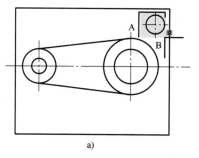
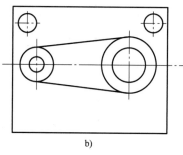

a)　　　　　　　　　　　　b)

图 3-21　使用 Copy 命令复制图形

2. 操作步骤

使用 Copy 命令复制图 3-21a 中圆孔。操作如下：

命令：Copy	执行 Copy 命令
选择对象：	单击点 A，指定窗选对象的第一点
指定对角点：找到 1 个	单击点 B，指定窗选对象的第二点
选择对象：	按回车键结束对象选择
当前设置：复制模式 = 多个	
指定基点或[位移(D)/模式(O)]〈位移〉：	指定复制的基点
指定第二点的位移或者〈使用第一点当作位移〉：	水平向左指定另一点,复制成功,如图 3-21b 所示

> 💡 **以上各项提示的含义和功能说明如下：**
>
> **基点**：通过基点和放置点来定义一个矢量，指定复制的对象移动的距离和方向。
>
> **位移（D）**：通过输入一个三维数值或指定一个点来指定对象副本在当前 X、Y、Z 轴的方向和位置。
>
> **模式（O）**：控制复制的模式为单个或多个，确定是否自动重复该命令。

> **注意**
>
> 1）Copy 命令支持对简单的单一对象（集）的复制，如直线/圆/圆弧/多段线/样条曲线和单行文字等，同时也支持对复杂对象（集）的复制，如关联填充、块/多重插入块、多行文字、外部参照、组对象等。
>
> 2）使用 Copy 命令可在一个图样文件中进行多次复制。如果要在不同图样文件之间进行复制，应采用 Copyclip 命令〈Ctrl + C〉，它将对象复制到 Windows 的剪贴板上，然后在另一个图样文件中用 Pasteclip 命令〈Ctrl + V〉将剪贴板上的内容粘贴到图样中。

3.3.5 镜像

> **QR 微课视频直通车 027：**
> 本视频主要介绍中望 CAD 的镜像命令。
> 打开手机微信扫描右侧二维码来观看学习吧！

1. 运行方式

1）命令行：Mirror（MI）。

2）功能区："常用"→"修改"→"镜像"。

3）工具栏："修改"→"镜像" 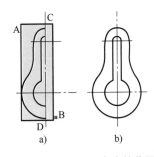。

以一条线段为基准线，创建对象的反射副本。

2. 操作步骤

使用 Mirror 命令镜像复制灰色部分，如图 3-22b 所示。操作如下：

图 3-22 使用 Mirror 命令镜像图形

命令:Mirror	执行 Mirror 命令
选择对象：	单击点 A,指定窗选对象的第一点,如图 3-22a 所示
指定对角点:找到 5 个	单击点 B,提示已选中数量
指定镜像线的第一点：	单击点 C,指定镜像线第一点
指定镜像线的第二点：	单击点 D,指定镜像线第二点
是否删除源对象？[是(Y)/否(N)]〈否(N)〉:N	按回车键结束命令

> **注意**
>
> 若选取的对象为文本，可配合系统变量 Mirrtext 来创建镜像文字。当 Mirrtext 的值为 1（ON）时，文字对象将同其他对象一样被镜像处理。当 Mirrtext 设置为 0（OFF）时，创建的镜像文字对象方向不变。

3.3.6 阵列

1. 运行方式

1）命令行：Array（AR）。

2）功能区："常用"→"修改"→"阵列"。

3）工具栏："修改"→"阵列" ▦。

复制选定对象的副本，并按指定的方式
排列。除了可以对单个对象进行阵列，还可
以对多个对象进行阵列。在执行该命令时，
系统会将多个对象视为一个整体对象来对待。

2. 操作步骤

将图 3-23a 灰色部分用 Array 命令进行阵列
复制，得到图 3-23b 所示的零件图。操作如下：

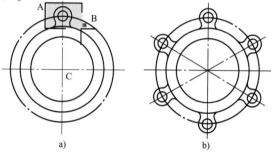

图 3-23　用 Array 命令进行阵列复制零件特征

命令:Array	执行 Array 命令,打开图 3-24 所示对话框	指定对角点:	单击点 B,指定窗选对象的第二点
中心点:	单击 C,指定环形阵列中心	找到 5	提示已选择对象数
项目总数:6	指定整列项数	确定	单击"确定"按钮完成阵列
填充角度:360	指定阵列角度		
选择对象:	单击点 A,指定窗选对象的第一点		

矩形阵列（R）：复制选定的对象后，为其指定行数和列数来创建阵列。矩形阵列示例
如图 3-25 所示。

图 3-24　"阵列"对话框

图 3-25　矩形阵列示例

🌐 关于环形阵列的含义和功能说明如下：

环形阵列（P）：通过指定圆心或基准点来创建环形阵列。系统将以指定的圆心
或基准点来复制选定的对象，创建环形阵列，如图 3-26 所示。

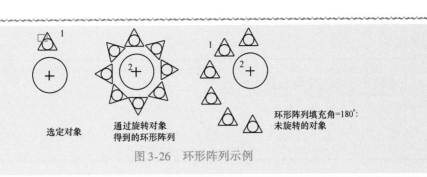

选定对象　　通过旋转对象　　　　　　　　环形阵列填充角=180°:
得到的环形阵列　　　　　　　未旋转的对象

图 3-26　环形阵列示例

注意

　　环形阵列时，阵列角度值若输入正值，则以逆时针方向旋转；若为负值，则以顺时针方向旋转。阵列角度值不允许为 0°，选项间角度值可以为 0°，但当选项间角度值为 0° 时，将看不到阵列的任何效果。

3.3.7　偏移

QR 微课视频直通车 029：
　　本视频主要介绍中望 CAD 的偏移命令。
　　打开手机微信扫描右侧二维码来观看学习吧！

1. 运行方式

1）命令行：Offset（O）。

2）功能区："常用"→"修改"→"偏移"。

3）工具栏："修改"→"偏移" 。

以指定的点或距离将选取的对象偏移并复制，使对象副本与源对象平行。

2. 操作步骤

使用 Offset 命令偏移一组同心圆，如图 3-27b 所示。操作如下：

a)

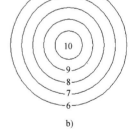
b)

图 3-27　使用 Offset 命令偏移对象

命令:Offset	执行 Offset 命令
指定偏移距离或[通过(T)]〈通过〉:2	指定偏移距离
选择要偏移的对象或〈退出〉:	选择圆,如图 3-27a 所示
指定在边上要偏移的点:	选择圆外点 9 的位置,偏移出与源圆同心的一个圆
选择要偏移的对象或〈退出〉:	选择圆 9
指定在边上要偏移的点:	选择圆外点 8 的位置
选择要偏移的对象或〈退出〉:	选择圆 8
指定在边上要偏移的点:	选择圆外点 7 的位置
选择要偏移的对象或〈退出〉:	选择圆 7

指定在边上要偏移的点:	选择圆外点 6 的位置,按回车键结束命令

> 💡 **以上各项提示的含义和功能说明如下:**
>
> 偏移距离:在距离选取对象的指定距离处创建选取对象的副本。
> 通过 (T):以指定点创建通过该点的偏移副本。

> **注意**
> 偏移命令是一个对象编辑命令,在使用过程中,只能以直接拾取方式选择对象。

3.3.8 缩放

> **QR 微课视频直通车 030:**
> 本视频主要介绍中望 CAD 的缩放命令。
> 打开手机微信扫描右侧二维码来观看学习吧!

1. 运行方式

1)命令行:Scale (SC)。
2)功能区:"常用" → "修改" → "缩放"。
3)工具栏:"修改" → "缩放" 。

以一定比例放大或缩小选取的对象。

2. 操作步骤

使用 Scale 命令将图 3-28a 中左侧的五角星放大,如图 3-28b 所示。操作如下:

a)　　　　　　b)

图 3-28　用 Scale 命令缩放图形

命令:Scale	执行 Scale 命令
选择对象:找到 1 个	选择图 3-28a 中左侧的五角星作为对象
指定基点:	单击五角星中心点
指定缩放比例或[复制(C)/参照(R)]〈1.0000〉:3	指定缩放比例

> 💡 **以上各项提示的含义和功能说明如下:**
>
> 缩放比例:以指定的比例值放大或缩小选取的对象。当输入的比例值大于 1 时,则放大对象;若为 0~1 之间的小数,则缩小对象。或指定的距离小于原对象的大小,则缩小对象;若指定的距离大于原对象的大小,则放大对象。
> 复制 (C):在缩放对象时,创建缩放对象的副本。
> 参照 (R):按参照长度和指定的新长度缩放所选对象。

3.3.9　打断

1. 运行方式

1）命令行：Break（BR）。

2）功能区："常用"→"修改"→"打断"。

3）工具栏："修改"→"打断"。

将选取的对象在两点之间打断。

2. 操作步骤

使用 Break 命令删除图 3-29a 所示圆的一部分，使图形成为一个螺母，如图 3-29b 所示。操作如下：

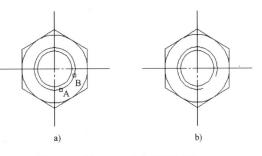

图 3-29　用 Break 命令打断图形

命令：Break	执行 Break 命令
选择对象：	选择从点 A 到点 B 的弧，确定要打断的对象
指定第二个打断点或者[第一个点(F)]:F	
选择指定第一、第二打断点	单击点 A，以点 A 作为第一打断点
指定第二个打断点：	以点 B 作为第二打断点

以上各项提示的含义和功能说明如下：

第一个点（F）：在选取的对象上指定要打断的起点

第二个打断点：在选取的对象上指定要打断的第二点。在命令行中输入 Break 命令后，如果第一条命令提示选择第二个打断点，则系统将以选取对象时指定的点为默认的第一个打断点。

为打断点之一来处理。

2）若选取的两个打断点在同一个位置，可将对象打断，但不删除某个部分。除了可以指定同一点，还可以在选择第二个打断点时，在命令行提示下输入@字符，这样可以达到同样的效果。但这样的操作不适合圆，要打断圆，必须选择两个不同的打断点。

在打断圆或多边形等封闭区域对象时，系统默认以逆时针方向打断两个打断点之间的部分。

3.3.10 合并

QR 微课视频直通车 032：
本视频主要介绍中望 CAD 的合并命令。
打开手机微信扫描右侧二维码来观看学习吧！

1. 运行方式

1）命令行：Join。

2）功能区："常用"→"修改"→"合并"。

3）工具栏："修改"→"合并" 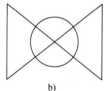。

将对象合并以形成一个完整的对象。

2. 操作步骤

使用 Join 命令连接图 3-30a 所示的两段直线A、B，结果如图 3-30b 所示。操作如下：

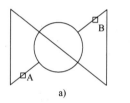

图 3-30 使用 Join 命令连接图形

命令:Join	执行 Join 命令
选择连接的圆弧,直线,开放多段线,椭圆弧:	单击直线 A
选择要连接的线:找到 1 个	单击直线 B,提示选中数量
选择要连接的线:	按回车键结束对象选择

注意

1）圆弧：选取要连接的弧。要连接的弧必须属于同一个圆。

2）直线：要连接的直线必须处于同一直线上，它们之间可以有间隙。

3）开放多段线：被连接的对象可以是直线、开放多段线或圆弧，对象之间不能有间隙，并且必须位于与 UCS 的 XY 平面平行的同一平面上。

4）椭圆弧：选择的椭圆弧必须位于同一椭圆上，它们之间可以有间隙。"闭合"选项可将源椭圆弧闭合成完整的椭圆。

5）开放样条曲线：连接的样条曲线对象之间不能有间隙，最后的对象应是单个样条曲线。

3.3.11　倒角

> **QR 微课视频直通车 033：**
> 本视频主要介绍中望 CAD 的倒角命令。
> 打开手机微信扫描右侧二维码来观看学习吧！

1. 运行方式

1）命令行：Chamfer（CHA）。

2）功能区："常用"→"修改"→"倒角"。

3）工具栏："修改"→"倒角"。

在两线交叉、放射状线条或无限长的线上建立倒角。

2. 操作步骤

使用 Chamfer 命令对图 3-31a 所示的螺栓前端进行倒角，结果如图 3-31b 所示。

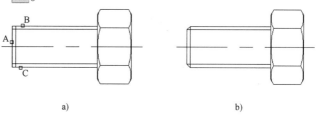

a)　　　　　　　　　　　　　b)

图 3-31　使用 Chamfer 命令绘制倒角

```
命令:Chamfer                                          执行 Chamfer 命令
("修剪"模式)当前倒角距离 1 = 0.0000,距离 2 = 0.0000
选择第一条直线或[多段线(P)/距离(D)/角度(A)/修剪(T)/方式(M)/多个(U)]:D
                                                      输入 D,选择倒角距离
指定第一个倒角距离〈0.0000〉:1                         设置倒角距离
指定第二个倒角距离〈1.0000〉:                          按回车键接受默认距离
选择第一条直线或[多段线(P)/距离(D)/角度(A)/修剪(T)/方式(M)/多个(U)]:U
                                                      输入 U,选择多次倒角
选择第一条直线或[多段线(P)/距离(D)/角度(A)/修剪(T)/方式(M)/多个(U)]:
                                                      单击直线 A,选取第一个倒角对象
选择第二条直线:                                        单击直线 B
选择第一条直线或[多段线(P)/距离(D)/角度(A)/修剪(T)/方式(M)/多个(U)]:
                                                      单击直线 A,再选第一个倒角对象
选择第二条直线:                                        单击直线 C
选择第一条直线或[多段线(P)/距离(D)/角度(A)/修剪(T)/方式(M)/多个(U)]:
                                                      按回车键结束命令
```

> 🔧 以上各项提示的含义和功能说明如下：
>
> 　选择第一条直线：选择要进行倒角处理的对象的第一条边，或要倒角的三维实体边中的第一条边。

多段线（P）：对整个二维多段线进行倒角处理。

距离（D）：创建倒角后，设置倒角到两条选定边的端点的距离。

角度（A）：指定第一条线的长度和第一条线与倒角后形成的线段之间的角度值。

修剪（T）：自行选择是否对选定边进行修剪，直到倒角线的端点。

方式（M）：选择倒角方式。倒角处理的方式有两种，即"距离-距离"和"距离-角度"。

多个（U）：可对多个两条线段的选择集进行倒角处理。

注意

1）若要做倒角处理的对象没有相交，系统会自动修剪或延伸到可以创建倒角的情况。

2）若为两个倒角距离指定的值均为0，所选择的两个对象将自动延伸至相交。

3）选择"放弃"时，使用倒角命令为多个选择集进行的倒角处理将全部被取消。

3.3.12 圆角

QR 微课视频直通车 034：

本视频主要介绍中望 CAD 的圆角命令。

打开手机微信扫描右侧二维码来观看学习吧！

1. 运行方式

1）命令行：Fillet（F）。

2）功能区："常用"→"修改"→"圆角"。

3）工具栏："修改"→"圆角" 。

为两段圆弧、圆、椭圆弧、直线、多段线、射线、样条曲线或构造线以及三维实体创建以指定半径的圆弧形成的圆角。

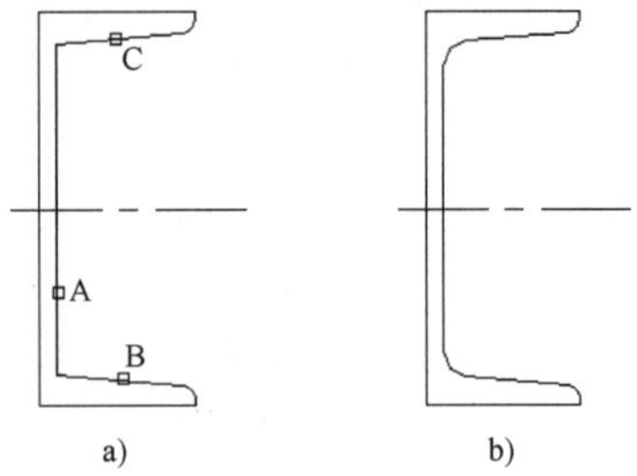

2. 操作步骤

使用 Fillet 命令对图 3-32a 所示的槽钢进行倒圆，结果如图 3-32b 所示。操作如下：

图 3-32 用 Fillet 命令绘制圆角

命令:Fillet	执行 fillet 命令
当前设置:模式 =修剪,半径 =0.0000	
选择第一个对象或[多段线(P)/半径(R)/修剪(T)/多个(U)]:R	输入 R,选择圆角半径
指定圆角半径<0.0000>:10	设置的圆角半径
选择第一个对象或[多段线(P)/半径(R)/修剪(T)/多个(U)]:U	输入 U,选择多次倒角
选择第一个对象或[多段线(P)/半径(R)/修剪(T)/多个(U)]:	单击直线 A,选取第一个倒角对象

选择第二个对象：	单击直线 B
选择第一个对象或[多段线(P)/半径(R)/修剪(T)/多个(U)]：	单击直线 A,再选第一个倒角对象
选择第二个对象：	单击直线 C
选择第一个对象或[多段线(P)/半径(R)/修剪(T)/多个(U)]：	按回车键结束命令

💡 **以上各项提示的含义和功能说明如下：**

选择第一个对象：选取要创建圆角的第一个对象。

多段线（P）：在二维多段线中的每两条线段相交的顶点处创建圆角。

半径（R）：设置圆角弧的半径。

修剪（T）：在选定边后，若两条边不相交，选择此选项确定是否修剪选定的边，使其延伸到圆角弧的端点。

多个（U）：为多个对象创建圆角。

注意

1）若选定的对象为直线、圆弧或多段线，系统将自动延伸这些直线或圆弧直到它们相交，然后再创建圆角。

2）若选取的两个对象不在同一图层，系统将在当前图层创建圆角线。同时，圆角的颜色、线宽和线型的设置也是在当前图层中进行。

3）若选取的对象是包含圆弧线段的单个多段线，创建圆角后，新多段线的所有特性（如图层、颜色和线型）将继承所选的第一个多段线的特性。

4）若选取的对象是关联填充（其边界通过直线段来定义），创建圆角后，该填充的关联性将不再存在。若该填充的边界是以多段线来定义，将保留其关联性。

5）若选取的对象为一条直线和一条圆弧或一个圆，可能会存在多个圆角，系统将默认选择最靠近作为中点的端点来创建圆角。

3.3.13　修剪

QR 微课视频直通车 035：

本视频主要介绍中望 CAD 的修剪命令。

打开手机微信扫描右侧二维码来观看学习吧！

1. 运行方式

1）命令行：Trim（TR）。

2）功能区："常用"→"修改"→"修剪"。

3）工具栏："修改"→"修剪" ┼。

清理所选对象超出指定边界的部分。

2. 操作步骤

使用 Trim 命令将图 3-33a 所示五角星内的直线剪掉,结果如图 3-33b 所示。操作如下:

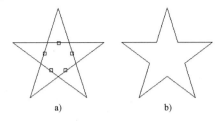

a)   b)

图 3-33   使用 Trim 命令将直线部分剪掉

命令:Trim	执行 Trim 命令
当前设置:投影=UCS,边=无	
选择剪切边…	全选五角星
选择对象或〈全部选择〉:	按回车键全选对象
选择要修剪的对象,或按住 shift 来选择要延伸的对象或[栏选(F)/窗交(C)/投影(P)/边缘模式(E)/删除(R)/撤消(U)]:	指定五角星的一条边剪切对象
选择要修剪的对象,或按住 shift 来选择要延伸的对象或[栏选(F)/窗交(C)/投影(P)/边缘模式(E)/删除(R)/撤消(U)]:	指定五角星的第二条边剪切对象
选择要修剪的对象,或按住 shift 来选择要延伸的对象或[栏选(F)/窗交(C)/投影(P)/边缘模式(E)/删除(R)/撤消(U)]:	指定五角星的第三条边剪切对象
选择要修剪的对象,或按住 shift 来选择要延伸的对象或[栏选(F)/窗交(C)/投影(P)/边缘模式(E)/删除(R)/撤消(U)]:	指定五角星的第四条边剪切对象
选择要修剪的对象,或按住 shift 来选择要延伸的对象或[栏选(F)/窗交(C)/投影(P)/边缘模式(E)/删除(R)/撤消(U)]:	指定五角星的最后一条边剪切对象
选择要修剪的对象,或按住 shift 来选择要延伸的对象或[栏选(F)/窗交(C)/投影(P)/边缘模式(E)/删除(R)/撤消(U)]:	按回车键结束命令

💡 **以上各项提示的含义和功能说明如下:**

要修剪的对象:指定要修剪的对象。

边缘模式 (E):修剪对象的假想边界或与其在三维空间相交的对象。

栏选 (F):指定围栏点,将多个对象修剪成单一对象。

窗交 (C):通过指定两个对角点来确定一个矩形窗口,选择该窗口内部或与矩形窗口相交的对象。

投影 (P):指定在修剪对象时使用的投影模式。

删除 (R):在执行修剪命令的过程中,将选定的对象从图形中删除。

撤消 (U):撤消最近使用 Trim 命令对对象进行的修剪操作。

注意

在按回车键结束选择前,系统会不断提示指定要修剪的对象,所以可指定多个对象进行修剪。在选择对象的同时按〈Shift〉键可将对象延伸到最近的边界,而不修剪它。

3.3.14　延伸

1. 运行方式

1）命令行：Extend（EX）。

2）功能区："常用"→"修改"→"延伸"。

3）工具栏："修改"→"延伸" ┤/。

延伸线段、弧、二维多段线或射线，使其与另一对象相切。

2. 操作步骤

使用 Extend 命令延伸图 3-34a 中的直线 B，得到图3-34b所示的图形。操作如下：

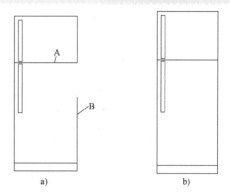

图 3-34　使用 Extend 命令延伸图形

命令:Extend	执行 Extend 命令
当前设置:投影 = UCS,边 = 无	
选择边界的边...	
选择对象或〈全部选择〉:找到 1 个	单击点 A,提示找到一个对象
选择要延伸的对象,或按住〈Shift〉键选择要延伸的对象,或[栏选(F)/窗交(C)/投影(P)/边(E)/撤消(U)]:	单击点 B,指定延伸对象
选择要延伸的对象,或按住〈Shift〉键选择要延伸的对象,或[栏选(F)/窗交(C)/投影(P)/边(E)/撤消(U)]:	按回车键结束命令

> 💡 **以上各项提示的含义和功能说明如下：**
>
> 边界的边：选定对象，使其成为对象延伸边界的边。
>
> 延伸的对象：选择要延伸的对象。
>
> 边（E）：若边界对象的边和要延伸的对象没有实际交点，但又要将指定对象延伸到两对象的假想交点处，可选择"边"。
>
> 栏选（F）：进入"围栏"模式，可以选取围栏点。围栏点是要延伸对象上的开始点，延伸多个对象到一个对象。
>
> 窗交（C）：进入"窗交"模式，通过从右到左指定两个点来定义选择区域内的所有对象，延伸所有的对象到边界对象。
>
> 投影（P）：选择对象延伸时的投射方式。
>
> 删除（R）：在执行 Extend 命令的过程中选择对象将其从图形中删除。
>
> 撤消（U）：放弃之前使用 Extend 命令对对象进行的延伸处理。

> **注意**
> 可根据系统提示选取多个对象进行延伸。同时，还可按住〈Shift〉键选定对象将其修剪到最近的边界边。若要结束选择，按回车键即可。

3.3.15 拉长

QR 微课视频直通车 037：
本视频主要介绍中望 CAD 的拉长命令。
打开手机微信扫描右侧二维码来观看学习吧！

1. 运行方式

1）命令行：Lengthen（LEN）。
2）功能区："常用"→"修改"→"拉长"。
3）工具栏："修改"→"拉长"。
为选取的对象修改长度，为圆弧修改包含的角度。

2. 操作步骤

使用 Lengthen 命令增加图 3-35a 中圆弧的长度，结果如图 3-35b 所示。操作如下：

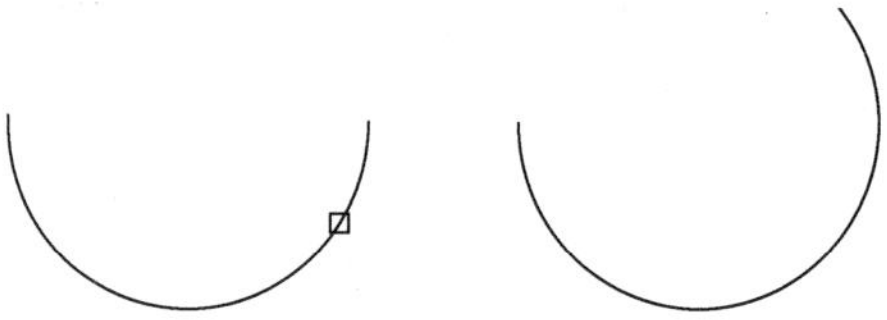

a)　　　b)

图 3-35　使用 Lengthen 命令增加圆弧长度

命令：Lengthen	执行 Lengthen 命令
选择对象或[增量(DE)/百分数(P)/全部(T)/动态(DY)]:P	输入 P,选择拉长方式
输入长度百分比 〈100.0000〉:130	输入拉长后的百分比
选择要修改的对象或[放弃(U)]:	单击圆弧,指定拉长对象
选择要修改的对象或[放弃(U)]:	按回车键结束命令

> 💡 **以上各项提示的含义和功能说明如下：**
>
> 增量（DE）：以指定的长度为增量修改对象的长度，该增量从距离选择点最近的端点处开始测量。
> 百分数（P）：指定对象总长度或总角度的百分比来设置对象的长度或圆弧包含的角度。
> 全部（T）：指定从固定端点开始测量的总长度或总角度的绝对值来设置对象长度或圆弧包含的角度。
> 动态（DY）：开启"动态拖动"模式，通过拖动选取对象的一个端点来改变其长度，其他端点保持不变。

> **注意**
> 以增量方式拉长时，若选取的对象为圆弧，增量就为角度。若输入的值为正，则拉长扩展对象；若为负值，则修剪缩短对象的长度或角度。

3.3.16 分解

1. 运行方式

1）命令行：Explode（X）。

2）功能区："常用"→"修改"→"分解"。

3）工具栏："修改"→"分解" 。

将由多个对象组合而成的合成对象（如图块、多段线等）分解为独立对象。

2. 操作实例

使用 Explode 命令分解矩形，令其成为 8 条直线和 2 条弧，如图 3-36 所示，操作如下：

命令：Explode	执行 Explode 命令
选择对象：点选双开门	指定分解对象
指定对角点：找到 1 个	提示选择对象的数量
	按回车键结束命令

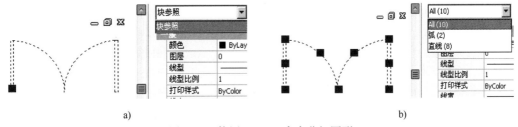

a)　　　　　　　　　　　　　　b)

图 3-36 使用 Explode 命令分解图形

注意

1）系统可同时分解多个合成对象，并将合成对象中的多个部件全部分解为独立对象。但若使用的是脚本或运行时扩展函数，则一次只能分解一个对象。

2）分解后，除了颜色、线型和线宽可能会发生改变，其他结果将取决于所分解的合成对象的类型。

3）将块中的多个对象分解为独立对象，但一次只能删除一个编组级。若块中包含一个多段线或嵌套块，那么对该块的分解是首先分解为多段线或嵌套块，然后再分别分解该块中的各个对象。

3.3.17 拉伸

QR 微课视频直通车 039:

本视频主要介绍中望 CAD 的拉伸命令。

打开手机微信扫描右侧二维码来观看学习吧!

1. 运行方式

1)命令行:Stretch (S)。

2)功能区:"常用"→"修改"→"拉伸"。

3)工具栏:"修改"→"拉伸" 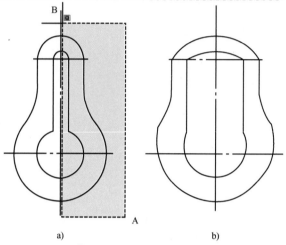。

拉伸选取的图形对象,使其中一部分移动,同时维持该部分与图形其他部分的关系。

2. 操作实例

使用 Stretch 命令将图 3-37a 中灰色部分的宽度拉伸,得到图 3-37b 所示的效果。操作如下:

图 3-37 使用 Stretch 命令拉伸零件的宽度

命令:Stretch	执行 Stretch 命令
以交叉窗口或交叉多边形选择要拉伸的对象…	
选择对象:	单击点 A,指定第一点
指定对角点:找到 18 个	单击点 B,指定第二点
	提示选中对象数量
选择对象:	按回车键结束选择
指定基点或[位移(D)]〈位移〉:	单击一点,指定拉伸基点
指定第二点的位移或者〈使用第一点当作位移〉:	水平向右单击一点,指定拉伸距离

💡 **以上各项提示的含义和功能说明如下:**

指定基点:使用 Stretch 命令拉伸选取窗口内或与其相交的对象,操作步骤与使用 Move 命令移动对象类似。

位移 (D):进行向量拉伸。

注意

可拉伸的对象包括与选择窗口相交的圆弧、椭圆弧、直线、多段线线段、二维实体、射线、宽线和样条曲线。

任务 3.4　编辑对象属性

对象属性包含一般属性和几何属性。其中，一般属性包括对象的颜色、线型、图层及线宽等，几何属性包括对象的尺寸和位置。用户可以直接在"属性"窗口中设置和修改对象的这些属性。

QR 微课视频直通车 040：
本视频主要介绍中望 CAD 的特性命令和特性匹配。
打开手机微信扫描右侧二维码来观看学习吧！

3.4.1　使用"属性"窗口

"属性"窗口中显示了当前选择集中对象的所有属性和属性值，当选中多个对象时，将显示它们的共有属性，如图 3-38 所示。用户可以修改单个对象的属性、快速选择集中对象的共有属性，以及多个选择集中对象的共同属性。

运行方式如下：
1）命令行：Properties。
2）功能区："工具"→"选项板"→"属性"。
3）工具栏："标准"→"特性" 。

以上三种方法都可以打开"属性"窗口，可以浏览、修改对象的属性，也可以浏览、修改满足应用程序接口标准的第三方应用程序对象。

图 3-38　"属性"窗口

3.4.2　属性修改

QR 微课视频直通车 041：
这个视频主要介绍了中望 CAD 的特性匹配。
手机微信扫描右侧二维码来观看学习吧！

1. 运行方式
命令行：Change。
修改所选取对象的特性。

2. 操作实例
使用 Change 命令修改圆形对象的线宽，如图 3-39 所示。操作如下：

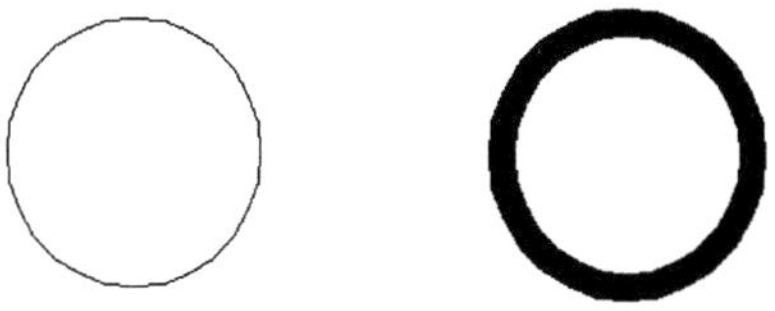

a)　　　　　　b)

图 3-39　使用 Change 命令修改图形线宽

命令:Change	执行 Change 命令
选择对象:	选择对象,指定编辑对象
指定修改点或[特性(P)]:P	选择编辑对象特征
输入要变的特性[颜色(C)/标高(E)/图层(LA)/线型(LT)/线型比例(S)/	
线宽(LW)/厚度(T)]:LW	输入 LW,选择线宽
输入新的线宽〈ByLayer〉:2	指定对象线宽
输入要变的特性[颜色(C)/标高(E)/图层(LA)/线型(LT)/线型比例(S)/	
线宽(LW)/厚度(T)]:	按下回车键结束命令

以上各项提示的含义和功能说明如下：

修改点：通过指定改变点来修改所选取对象的特性。

特性（P）：修改所选取对象的特性。

颜色（C）：修改所选取对象的颜色。

标高（E）：为对象上所有的点都具有相同 Z 坐标值的二维对象设置 Z 轴标高。

图层（LA）：为选取的对象修改所在图层。

线型（LT）：为选取的对象修改线型。

线型比例（S）：修改所选取对象的线型比例因子。

线宽（LW）：为选取的对象修改线宽。

厚度（T）：修改所选取二维对象在 Z 轴上的厚度。

注意

选取的对象除了线宽为 0 的直线外，其他对象都必须与当前用户坐标系（UCS）平行。若同时选择了直线和其他可变对象，由于选取对象顺序的不同，结果也可能不同。

 随堂练习

1. 选择题

（1）在中望 CAD 中，用鼠标选择删除目标和使用工具栏中的删除命令删除目标时，对先选目标和后选目标而言，操作鼠标按钮的次数是（　　　）。

A. 先选目标时多操作一次　　　　　B. 后选目标时少操作一次

C. 后选目标时多操作一次　　　　　D. 都一样

（2）关于中望 CAD 中 Move 命令的移动基点，描述正确的是（　　　）。

A. 必须选择坐标原点　　　　　　　B. 必须选择图形上的特殊点

C. 可以是绘图区域中的任意点　　　D. 可以直接回车选择

（3）使用旋转命令"Rotate"旋转对象时，（　　　）。

A. 必须指定旋转角度

B. 必须指定旋转基点

C. 必须使用参考方式

D. 可以在三位一体空间缩放对象

（4）不能应用修剪命令"Trim"进行修剪的对象是（　　　）。

A. 圆弧　　　　　　　　　　　　　B. 圆

C. 直线　　　　　　　　　　　　　D. 文字

2. 绘图题

使用镜像、阵列等常用编辑命令画出图 3-40 所示图形。

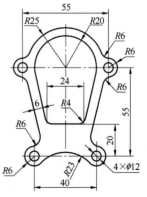

图 3-40　绘图题

项目4

辅助绘图工具与图层设置

学习目标

通过对本项目的学习，掌握以下技能与方法：

☑ 能够通过执行显示栅格 GRID 命令来设定栅格间距。

☑ 能够在操作界面中使用切换键来完成正交开启和关闭功能。

☑ 能够设置极轴追踪，并使用该功能追踪一定角度上的点坐标。

☑ 能够使用图层状态管理器设置每个图层的名称、颜色、线型和状态等属性。

任务内容

学习并探索中望 CAD 软件中的图层命令使用方法，依据图 4-1 所示的名称、颜色、线型新建以下五个图层。

a)"图层特性"命令

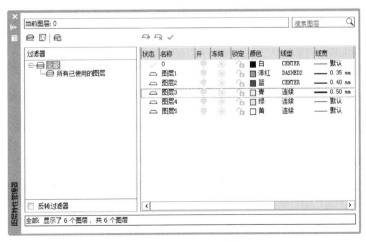

b) 图层示例

图 4-1　图层命令的应用

实施条件

1. 台式计算机或便携式计算机。
2. 中望 CAD 正版软件。

任务实施

绘图参数的设置是正式绘图前的必要准备工作,包括指定在多大的图纸上进行绘制;指定绘图采用的单位、颜色、线宽等。中望 CAD 软件提供了强大的精确绘图功能,包括对象捕捉、对象追踪、极轴、栅格、正交等,通过绘图工具参数的设置,可以精确、快速地进行图形定位。

利用精确绘图功能可以进行图形处理和数据分析,数据精度能够达到工程应用所需的要求,以极大地减少工作量,提高设计效率。

➤▲ 任务4.1　设置栅格 ▲◀

QR 微课视频直通车 042:
本视频主要介绍中望 CAD 的设置栅格命令。
打开手机微信扫描右侧二维码来观看学习吧!

栅格由一组规则的点组成(图 4-2),虽然栅格在屏幕上可见,但它既不会打印到图形文件上,也不影响绘图位置。栅格只在绘图范围内显示,帮助用户辨别图形边界,安排对象以及对象之间的距离。可以按需要打开或关闭栅格,也可以随时改变栅格的尺寸。

GRID 命令

GRID 命令可按用户指定的 X、Y 轴方向间距在绘图界限内显示一个栅格点阵。栅格显示模

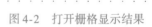

图 4-2　打开栅格显示结果

式的设置可让用户在绘图时有一个直观的定位参照。当栅格点阵的间距与光标捕捉点阵的间距相同时,栅格点阵就形象地反映出光标捕捉点阵的形状,同时直观地反映出绘图界限。

1. 运行方式

命令行:Grid。

在当前视口显示小圆点状的栅格,作为视觉参考点。

2. 操作步骤

中望 CAD 通过执行 GRID 命令来设定栅格间距,并打开栅格显示,结果如图 4-2 所示。其操作步骤如下:

命令:Grid   执行 Grid 命令

指定栅格间距(X)或[开(ON)/关(OFF)/捕捉(S)/纵横向间距(A)]〈10.0000〉:A

                                              输入 A,设置间距

指定水平间距(X)〈10.0000〉:10   设置水平间距

指定垂直间距(Y)〈10.0000〉:10   设置垂直间距

命令:Grid   再次执行 Grid 命令

指定栅格间距(X)或[开(ON)/关(OFF)/捕捉(S)/纵横向间距(A)]〈10.0000〉:S

                                              输入 S,设置栅格间距与捕捉间距相同

💡 **提示选项介绍如下:**

关（OFF）: 选择该项后，系统将关闭栅格显示。

开（ON）: 选择该项后，系统将打开栅格显示。

捕捉（S）: 设置栅格间距与捕捉间距相同。

纵横向间距（A）: 设置栅格 X 轴方向间距和 Y 轴方向间距，一般用于设置不规则的间距。

栅格间距可通过执行 Dsettings 命令在"草图设置"中设置，也可以在状态栏中的"栅格"或"捕捉"按钮上单击鼠标右键，在弹出的快捷菜单中选择"设置"选项，都会弹出"草图设置"对话框，如图4-3所示。

栅格 X 轴间距: 指定 X 轴方向栅格点的间距。

栅格 Y 轴间距: 指定 Y 轴方向栅格点的间距。

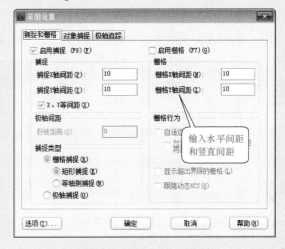

图4-3 "草图设置"对话框

注意

1）在任何时间切换栅格的打开或关闭，可双击状态栏中的"栅格"，或单击设置工具栏中的"栅格"工具或按〈F7〉键。

2）栅格就像是坐标纸，可以大大提高作图效率。

3）栅格中的点只是作为一个定位参考点被显示，它不是图形实体，改变 Point 的形状、大小对栅格点不起作用，不能用编辑实体的命令对其进行编辑，也不会随图形输出。

任务4.2　设置 SNAP 命令

SNAP 命令可以用栅格捕捉光标，使光标只落在某个栅格点上。通过光标捕捉模式的设置，可以很好地控制绘图精度，加快绘图速度。

1. 运行方式

命令行：Snap（SN）。

2. 操作步骤

执行 Snap 命令后，系统提示：

指定捕捉间距或［开(ON)/关(OFF)/纵横向间距(A)/旋转(R)/样式(S)/类型(T)］〈10.0000〉：

提示选项介绍如下：

开（ON）/关（OFF）：打开/关闭栅格捕捉命令。

纵横向间距（A）：设置栅格 X 轴方向间距和 Y 轴方向间距，一般用于设置不规则的栅格捕捉。

旋转（R）：该选项可指定一个角度，使栅格绕指定点旋转一定角度，而且十字光标也进行相同角度的旋转。

样式（S）：确定栅格捕捉的方式，有标准（S）和等轴测（I）两个选项。

◆标准（S）：在该样式下，捕捉栅格为矩形栅格。

◆等轴测（I）：选择此项后，绘制方式为三维等轴测方式，此时十字光标也不再垂直。

类型（T）：确定栅格的方式，有极轴（P）和栅格（G）两个选项。

栅格捕捉的设置也可通过执行 Dsettings 命令，在"草图设置"对话框中完成，如图4-4所示。

图4-4　栅格捕捉的设置

注意

1）可将光标捕捉点视为一个无形的点阵，点阵的行距和列距为指定的 X、Y 轴方向间距，光标的移动将锁定在点阵的各个点位上，因而拾取的点也将锁定在这些点位上。

2）设置栅格的捕捉模式可以很好地控制绘图精度。例如，一幅图形的尺寸精度是精确到十位数。这时，学生可将光标捕捉设置为沿 X、Y 轴方向间距为 10mm，打开 SNAP 命令后，光标精确地移动 10 或 10 的整数倍距离，用户拾取的点也就精确地定位在光标捕捉点上；如果是建筑图样，可设为 500、1000 或更大值。

3）栅格捕捉模式不能控制由键盘输入坐标来指定的点，它只能控制由鼠标拾取的点。

4）可以单击状态栏中的"捕捉模式"按钮或按〈F9〉键，来切换栅格捕捉的开关。

▶▶▲ 任务 4.3　设置正交 ◀

QR 微课视频直通车 044：
本视频主要介绍中望 CAD 的设置正交命令。
打开手机微信扫描右侧二维码来观看学习吧！

正交是指两个对象互相垂直相交。打开正交绘图模式后，通过限制光标只在水平或垂直轴上移动，来达到直角或正交模式下的绘图目的。

1. 运行方式

命令行：Ortho

直接按〈F8〉键，〈F8〉键是正交开启和关闭的切换键。

例如，在默认 0°方向时（0°为"3 点位置"或"东向"）打开正交模式操作，线的绘制将严格地限制为 0°、90°、180°或 270°，所生成的线是水平的或垂直的取决于哪根轴离光标远。当激活等轴测捕捉和栅格时，光标移动将在当前等轴测平面上等价地进行。

2. 操作步骤

打开正交绘图模式的操作步骤如下：

命令:Ortho	执行 Ortho 命令
输入模式[开(ON)/关(OFF)]〈关闭(OFF)〉:on	打开正交绘图模式

提示选项介绍如下：

开（ON）：打开正交绘图模式。

关（OFF）：关闭正交绘图模式。

在设置了栅格捕捉和栅格显示的绘图区后，用正交绘图方式绘制图 4-5 所示的图形（500mm×250mm）。该图形与 X 轴方向呈 45°夹角。其操作步骤如下：

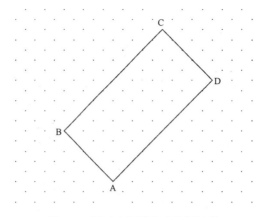

图4-5　用正交绘图方式绘制结果

命令:Ortho	执行 Ortho 命令
输入模式[开(ON)/关(OFF)]〈关闭(OFF)〉:on	打开正交绘图模式
命令:Snap	执行 Snap 命令
指定捕捉间距或[开(ON)/关(OFF)/纵横向间距(A)/旋转(R)/样式(S)/类型(T)]〈10.0000〉:50	将捕捉间距改为 50mm
命令:Snap	再次执行 Snap 命令
指定捕捉间距或[开(ON)/关(OFF)/纵横向间距(A)/旋转(R)/样式(S)/类型(T)]〈50.0000〉:r	输入 R 改变角度
指定基点〈0.0000,0.0000〉:	直接回车
指定旋转角度〈0〉:45	输入旋转角度45°
命令:Line	执行画线命令
Line 指定第一个点:	拾取 A 点,指定线段的起点
[角度(A)/长度(L)/放弃(U)]:	在 -45°方向距 A 点 5 个单位间距处拾取 B 点
[角度(A)/长度(L)/放弃(U)]:	在 45°方向上距 B 点 10 个单位间距处拾取 C 点
[角度(A)/长度(L)/闭合(C)/放弃(U)]:	同理,拾取 D 点
[角度(A)/长度(L)/闭合(C)/放弃(U)]:c	输入 C,闭合图形

注意

1)任意时候切换正交绘图模式,可单击状态栏的"正交"按钮,或按〈F8〉键。

2)中望 CAD 在从命令行输入坐标值或使用对象捕捉时将忽略正交绘图。

3)Ortho 正交方式与 Snap 捕捉方式相似,它只能限制鼠标拾取点的方位,而不能控制由键盘输入坐标值确定的点位。

4)Snap 命令中"旋转"选项的设置对正交方向同样起作用。例如,当用户将光标捕捉旋转30°,打开正交绘图模式后,正交方向也旋转30°,系统将限制鼠标在相对于前一拾取点呈30°或呈120°的方向上拾取点。该设置对于具有一定倾斜角度的正交对象的绘制非常有用。

5）当栅格捕捉设置了旋转角度后，无论栅格捕捉、栅格显示、正交方式是否打开，十字光标都将按旋转了的角度显示。

任务4.4 设置对象捕捉

对象捕捉用于绘图时指定已绘制对象上的几何特征点，利用对象捕捉功能可以快速捕捉各种特征点。

QR 微课视频直通车 045：

本视频主要介绍中望 CAD 的设置对象捕捉命令。

打开手机微信扫描右侧二维码来观看学习吧！

4.4.1 "对象捕捉"工具栏

在中望 CAD 中打开"对象捕捉"工具栏，其中包含多种目标捕捉工具，如图4-6 所示。

图4-6 "对象捕捉"工具栏

对象捕捉工具是临时运行捕捉模式，它只能执行一次。在绘图过程中，可以在命令栏输入捕捉方式的英文简写，然后根据系统提示进行相应操作，即可准确地捕捉到相关的特征点；也可以在操作过程中单击鼠标右键，在快捷菜单中选择对象捕捉点。"对象捕捉"工具栏中各按钮的含义及功能见表4-1。

表4-1 "对象捕捉"工具栏中各按钮的含义及功能

按钮	类型	简写	功 能
	临时追踪点	TK	启用后，指定一临时追踪点，其将出现一个小的加号（＋）。移动光标时，将相对于这个临时点显示自动追踪对齐路径,用户在路径上以相对于临时追踪点的相对坐标取点。在命令行输入 TK 也可捕捉临时追踪点
	捕捉自	From	建立一个临时参照点作为偏移后续点的基点,输入自该基点的偏移位置作为相对坐标,或输入直接距离。也可在命令中途用 From 调用
	捕捉到端点	End	利用端点捕捉工具可捕捉其他对象的端点,这些对象可以是圆弧、直线、复合线、射线、平面或三维面,若对象有厚度,端点捕捉也可捕捉对象边界端点

（续）

按钮	类型	简写	功 能
	捕捉到中点	Mid	利用中点捕捉工具可捕捉另一对象的中点，这些对象可以是圆弧、线段、复合线、平面或辅助线(infinite line)，当为辅助线时，中点捕捉第一个定义点。若对象有厚度，也可捕捉对象边界的中点
	捕捉到交点	Int	利用交点捕捉工具可以捕捉三维空间中任意相交对象的实际交点，这些对象可以是圆弧、圆、直线、复合线、射线或辅助线，如果靶框只选到一个对象，程序会要求选取与其有交点的另一个对象，利用它也可以捕捉三维对象的顶点或有厚度对象的交点
	捕捉到外观交点	App	平面视图交点捕捉工具可以捕捉当前 UCS 下两对象投射到平面视图时的交点，此时对象的 Z 坐标可忽略，交点将用当前标高作为 Z 坐标。当只选取到一个对象时，程序会要求选取有平面视图交点的另一个对象
	捕捉到延长线	Ext	当光标经过对象的端点时，显示临时延长线，以便使用延长线上的点绘制对象
	捕捉到圆心点	Cen	利用圆心点捕捉工具可捕捉一些对象的圆心点，这些对象包括圆、圆弧、多维面、椭圆、椭圆弧等。捕捉中心点时，必须选择对象的可见部分
	捕捉到象限点	Qua	利用象限捕捉工具，可捕捉圆、圆弧、椭圆、椭圆弧的最近四分圆点
	捕捉到切点	Tan	利用切点捕捉工具可捕捉对象切点，这些对象为圆或圆弧，当和切点相连时，形成对象的切线
	捕捉到垂足点	Per	利用垂足点捕捉工具可捕捉到圆弧、圆、椭圆、椭圆弧、直线、多线、多段线、射线、面域、实体、样条曲线或参照线的垂足
	捕捉到平行线	Par	在指定矢量的第一个点后，如果将光标移动到另一个对象的直线段上，即可获得第二个点。当所创建对象的路径平行于该直线段时，将显示一条对齐路径，可以用它来创建平行对象
	捕捉到插入点	Ins	利用插入点捕捉工具可捕捉外部引用、图块、文字的插入点
	捕捉到节点	Nod	设置点捕捉，利用该工具捕捉点
	捕捉到最近点	Nea	可捕捉到圆弧、圆、椭圆、椭圆弧、直线、多线、点、多段线、射线、样条曲线或参照线的最近点
	清除对象捕捉		利用清除对象捕捉工具，可关掉对象捕捉，而不论该对象捕捉是通过菜单、命令行、工具栏或草图设置对话框设定的
	对象捕捉设置		捕捉方式的设置，即 OSNAP 命令的对话框

中望 CAD 默认的 Ribbon 界面中没有"对象捕捉"工具栏，可以通过 Customize 命令调出"定制"对话框，选中"对象捕捉"复选框，即可调出"对象捕捉"工具栏，还可以在此调出其他工具栏，如图 4-7 所示。

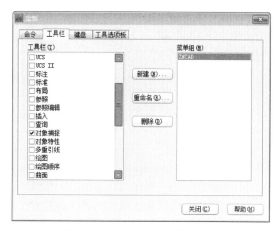

图 4-7 "定制"工具栏对话框

4.4.2 自动对象捕捉功能

在绘图过程中，使用对象捕捉工具的频率非常高，因此，中望 CAD 还提供了一种自动对象捕捉模式。当光标放在某个对象上时，系统自动捕捉到对象上所有符合条件的几何特征点。

用户可以根据需要事先设置好对象的捕捉方式，在状态栏的"对象捕捉"按钮上单击鼠标右键，在弹出的快捷菜单中选择"设置"选项，在"草图设置"中进行设置；或者执行 Dsettings 命令，都会弹出"草图设置"对话框，选择需要捕捉的几何特征点，如图 4-8 所示。

1. 运行方式

命令行：Osnap（OS）。

2. 操作步骤

用中点捕捉方式绘制矩形各边中点的连线，如图 4-9 所示，其具体命令及操作如下：

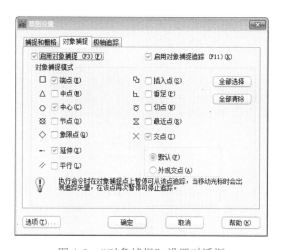

图 4-8 "对象捕捉"设置对话框

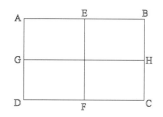

图 4-9 绘制各边中点的连线

命令:Rectangle(或 Rec)	启动矩形命令
指定第一个角点或[倒角(C)/标高(E)/圆角(F)/厚度(T)/宽度(W)]:	
	指定 A 点为第一点
指定其他的角点或[面积(A)/尺寸(D)/旋转(R)]:	指定 C 点绘制一个矩形

命令:Osnap	打开"对象设置"对话框,打开中点捕捉
命令:line	启动矩形命令
LINE 指定第一个点:	捕捉矩形 AB 边的中点 E
指定下一点或[角度(A)/长度(L)/放弃(U)]:	捕捉矩形 DC 边的中点 F
指定下一点或[角度(A)/长度(L)/放弃(U)]:	回车结束命令
命令:line	再次启动矩形命令
LINE 指定第一个点:	捕捉矩形 AD 边的中点 G
指定下一点或[角度(A)/长度(L)/放弃(U)]:	捕捉矩形 BC 边的中点 H
指定下一点或[角度(A)/长度(L)/放弃(U)]:	回车结束命令

➤▲ 任务4.5　设置靶框 ◀◀

QR 微课视频直通车 046：

本视频主要介绍中望 CAD 的设置靶框命令。

打开手机微信扫描右侧二维码来观看学习吧！

当定义了一个或多个对象捕捉时,十字光标上将出现一个捕捉靶框,另外,在十字光标附近会有一个图标表明激活对象捕捉类型。当选择对象时,程序捕捉距离靶框中心最近的特征点。下面介绍捕捉标记和靶框大小的设置方法。

运行方式

命令行：Options。

通过执行 Options 命令,弹出"选项"对话框,在"草图"选项卡中可以改变靶框大小、显示状态等,也可以设置捕捉标记的大小、颜色等,如图 4-10 所示。

系统默认的捕捉标记是浅黄色,如图 4-11 所示,相对黑色背景绘图区反差大,效果较好。但当把屏幕背景设置成白色后,浅黄色就看不清楚了（反差太小）,这时可将捕捉小

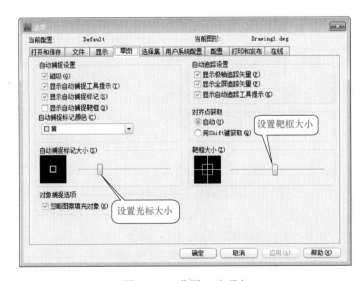

图 4-10　"草图"选项卡

方框设置成其他颜色，如果经常要截图到Word文档，就要改成反差大的颜色。单击"自动捕捉标记颜色"下拉箭头选择其他颜色，或者选择"选择颜色"项，在弹出的对话框中选择想要的颜色，如图4-11所示。

在"选项"对话框中还可以对一些系统环境进行设置，如十字光标长短、默认保存格式、文件自动保存时间、绘图区背景颜色等。

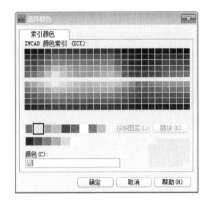

图4-11　改变捕捉光标颜色

任务4.6　设置极轴追踪

1. 运行方式

命令行：Dsettings。

在"草图设置"对话框中，除了能进行捕捉和栅格、对象捕捉设置，还能设置极轴追踪。极轴追踪是用来追踪在一定角度上的点坐标的智能输入方法。

2. 操作步骤

执行 Dsettings 命令后，系统将弹出图4-12所示"草图设置"对话框下的"极轴追踪"选项卡。草图设置在项目中已用过多次，用极轴追踪前要先勾选上"启用极轴追踪"项，并设置好角度，让系统在一定角度上进行追踪。

要追踪更多的角度，可以设置增量角，所有0°和增量角的整数倍角度都会被追踪到，还可以设置附加角以追踪单独的极轴角。

当把极轴追踪增量角设置成30°，勾选"附加角"，添加45°时，如图4-13所示。

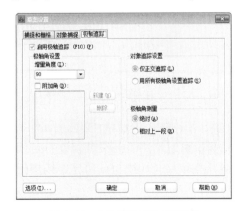

图4-12　"极轴追踪"选项卡

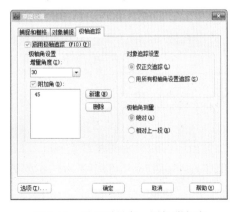

图4-13　设置增量角，添加附加角

启用极轴追踪功能后，当系统提示确定点位置时，拖动鼠标，使鼠标接近预先设定的方向（即极轴追踪方向），系统自动将橡皮筋线吸附到该方向，同时沿该方向显示出极轴追踪的矢量，并浮出一小标签，标签中说明当前鼠标位置相对于前一点的极坐标，所有0°和增量角的整数倍角度都会被追踪到，如图4-14所示。

由于这里设置的增量角为30°，凡是30°的整数倍角度都会被追踪到，图4-14所示为追踪到330°。

当把极轴追踪附加角设置成某一角度，如45°时，鼠标接近45°方向时将被追踪到，如图4-15所示。

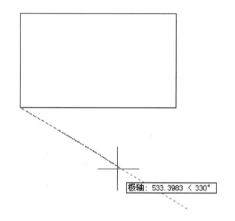

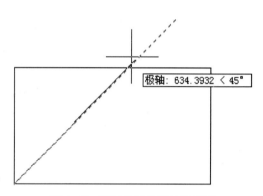

图4-14　增量角的整数倍数角度都会被追踪到　　　　图4-15　附加角的角度被追踪到

注意

附加角只追踪单独的极轴角，因此，在135°等处是不会出现追踪线的。

▶▶ 任务4.7　设置线型 ◀◀

QR 微课视频直通车 048：
　本视频主要介绍中望CAD的设置线型命令。
　打开手机微信扫描右侧二维码来观看学习吧！

1. 运行方式

命令行：Linetype。

图形中的每个对象都具有其线型特性。Linetype命令可对对象的线型特性进行设置和管理。

线型是由沿图线显示的线、点和间隔组成的图样，可以使用不同线型代表特定信息。例如，绘制工地平面图时，可利用一个连续线型画路，或使用含横线与点的界定线型画出所有物线条。

每一个图面均预设至少三种线型："Continuous""ByLayer""ByBlock"。这些线型不可以重新命名或删除，图面中也可能含有多种其他线型，还可以从线型库文件中加载更多的线型，或新建并储存自己定义的线型。

2. 设置当前线型

通常情况下，所创建的对象采用的是当前图层中的 ByLayer 线型。也可以为每一个对象分配自己的线型，这样分配可以覆盖原有图层线型设置。另一种做法是将 ByBlock 线型分配给对象，借此可以使用此种线型直到将这些对象组成一个图块。插入的对象将继承当前线型设置。设置当前线型的操作步骤如下：

1）执行 Linetype 命令，弹出图 4-16 所示的"线型管理器"对话框。这时，可以选择一种线型作为当前线型。

2）当需要选择其他线型时，可单击"加载"按钮，弹出图 4-17 所示的"可用线型"列表。

图 4-16　线型管理器　　　　　　　　　　图 4-17　可用线型列表

3）选择相应的线型。

4）结束命令，返回图形文件。

注意

设置当前图层的线型时，既可以选择线型列表中的线型，也可以双击线型名称。

加载附加线型：在选择一个新的线型到图形文件之前，必须建立一个线型名称或者从线型文件（*.lin）中加载一个已命名的线型。中望 CAD 有 ZwCADISO.lin、ZwCAD.lin 等线型文件，每个文件包含了很多已命名的线型，操作步骤如下：

1）执行 Linetype 命令，弹出"线型管理器"对话框。

2）单击"加载"按钮。

3）单击"文件"按钮，浏览系统中已有的线型文件。

4）选择线型库文件，单击并打开文件。

5）选取要加载的线型。

6）单击"确定"按钮，关闭窗口。

▶▲ 任务4.8　设置图层 ◀◀

4.8.1　图层特性管理器

在中望 CAD 中，虽然系统对图层数没有限制，对每一图层上的对象数量也没有任何限制，但每一图层都应有一个唯一的名字。当开始绘制一幅新图时，中望 CAD 自动生成层名为"0"的默认图层，并将这个默认图层置为当前图层。0 图层既不能被删除，也不能重命名。除了层名为"0"的默认图层外，其他图层都是由用户根据自己的需要创建并命名的。用户可以打开图层特性管理器来创建图层。

> **QR 微课视频直通车 049：**
> 本视频主要介绍中望 CAD 的图层设置命令。
> 打开手机微信扫描右侧二维码来观看学习吧！

1. 运行方式

1）命令行：Layer（LA）。

2）功能区："常用"→"图层"→"图层特性"。

3）工具栏："图层"→"图层特性管理器" 。

在图层特性管理器中，可为图形创建新图层，设置图层的线型、颜色和状态等特性。虽然一幅图可有多个图层，但用户只能在当前图层上绘图。

（1）图层状态　执行 LA 命令后，系统将弹出图 4-18 所示对话框，其常用图层状态的介绍见表4-2。

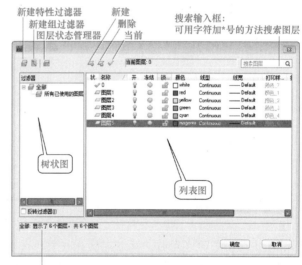

图 4-18　图层特性管理器

表4-2　常用图层状态

按钮	项目	功　　能
	新建	该按钮用于创建新图层。单击该按钮，在图层列表中将出现一个名为"图层1"的新图层。图层创建后，可在任何时候更改图层的名称（0 层和外部参照依赖图层除外） 选取某一图层，再单击该图层层名，层名被执行为输入状态后，用户输入新层名，再按回车键即可

（续）

按钮	项目	功　能
✔	当前	该按钮用于设置当前图层。虽然一幅图中可以定义多个图层，但绘图只能在当前图层上进行。如果用户要在某一图层上绘图，必须将该图层设置为当前图层 　　选中该图层后，单击"当前"按钮即可将其设置为当前图层；双击图层显示框中的某一图层名称也可将该图层设置为当前图层；在图层显示窗口中单击鼠标右键，在弹出的快捷菜单中单击"当前"项，也可设置该图层为当前图层
💡	关闭/打开	被关闭图层上的对象不能显示或输出，但可随图形重新生成。在关闭一图层时，该图层上绘制的对象将不可见，而再次开启该图层时，其上的对象又会显示出来。例如，绘制楼层平面时，可以将灯具配置画在一个图层上，而将配线位置画在另一个图层上。选取图层开或关，可以从同一图形文件中打印出电气图与管路图
✳	冻结/解冻	画在冻结图层上的对象不会显示出来，不能打印，也不能重新生成。冻结一图层时，其对象并不影响其他对象的显示或打印。不可以在一个冻结的图层上画图，直到解冻；也不可将一冻结的图层设为当前使用的图层。不可以冻结当前图层，若要冻结当前图层，需要先将其他图层置为当前层
🔒	锁定/解锁	锁定或解锁图层。锁定图层上的对象是不可编辑的，但图层若是打开的并处于解冻状态，则锁定图层上的对象是可见的。可以将锁定图层置为当前图层并在此图层上创建新对象，但不能对新建的对象进行编辑。在图层列表框中单击某一图层锁定项下的"是"或"否"，可将该图层锁定或解锁

　　关闭和冻结的区别仅在于执行命令运行速度的快慢，后者比前者快。当用户不需要观察其他图层上的图形时，应使用"冻结"选项，以增加"Zoom""Pan"等命令的运行速度。

　　（2）设置图层颜色　不同的颜色可用来表示不同的组件、功能和区域，在图形中具有非常重要作用。图层的颜色实际上是其中图形对象的颜色。每个图层都有自己的颜色，对不同的图层可以设置相同的颜色，也可以设置不同的颜色，绘制复杂图形时就可以很容易地区分图形的各部分。

　　新建图层后，要改变图层的颜色，可在"图层特性管理器"对话框中单击图层的"颜色"列对应的图标，打开"选择颜色"对话框，在此选择所需的颜色，如图4-19所示。

　　（3）设置图层线宽和线型　在"图层特性管理器"对话框中还可以设置线宽和线型。单击图层"线型"相对应的项，在弹出的"选择线型"对话框中选择所需的线型，也可以单击"加载"按钮，加载更多线型，如图4-20所示。

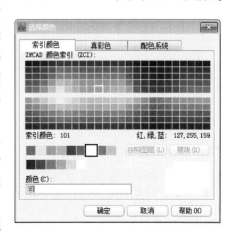

图4-19 "选择颜色"对话框

单击图层"线宽"相对应的项，还可以修改线宽，在弹出的"线宽"对话框中，选择所需要的线宽，如图4-21所示。

图4-20 "选择线型"对话框   图4-21 "线宽"对话框

2. 操作步骤

新建两个图层，进行相应的图层设置，分别命名为"中心线"和"轮廓线"，用于绘制中心线和轮廓线。

根据中心线和轮廓线的特点，可将中心线设置为红色、DASHDOT线型，将轮廓线设置为蓝色、Continuous线型。

1）单击"常用"→"图层"→"图层特性"按钮，弹出"图层特性管理器"。

2）单击"新建"按钮，在"名称"中输入"中心线"。

3）单击新建图层的"颜色"项，在打开的"选择颜色"对话框中选择"红色"，然后单击"确定"按钮。

4）再次单击该图层"线型"项，在打开的"选择线型"对话框中选择"DASHDOT"线型，单击"确定"按钮。

5）回到"特性管理器"界面，再次单击"新建"按钮，创建另一图层。

6）在"名称"中输入"轮廓线"。

7）单击该图层"颜色"项，在打开的"选择颜色"对话框中选择"蓝色"，然后单击"确定"按钮。

8）单击"确定"按钮。

由于系统默认线型为"Continuous"，"轮廓线"这一层也是采用连续线型，所以设置线型可省略，设置效果如图4-22所示。

注意

1）用户可使用前面所讲的Color、Linetype等命令为对象实体定义与其所在图层不同的特性值，这些特性相对于ByLayer、ByBlock特性来说是固定不变的，即不会随图层特性的改变而改变。对象的Byblock特性将在图块部分进行介绍。

2）当绘制的图形较复杂，重叠交叉的情况较多时，可将妨碍绘图的一些图层冻结或关闭。如果不想输出某些图层上的图形，可以冻结或关闭这些图层，使其不可见；冻结图层和外部参照依赖图层不能被置为当前图层。

3）创建新图层时，如果图层显示窗口中存在一个选定图层，则新建图层将沿用选定图层的特性。

4）线宽的设置要注意：一张图样是否好看、是否清晰，一个重要的因素就是层次是否分明。一张图里有0.13mm的细线，有0.25mm的中等宽度线，有0.35mm的粗线，这样打印出来的图样，一眼看上去就能够根据线的粗细来区分不同类型的对象，如什么地方是墙，什么地方是门窗，什么地方是标注尺寸。

图4-22　图层特性管理器

4.8.2　图层状态管理器

通过图层管理，可以保存、恢复图层状态信息，同时还可以修改、恢复或重命名图层状态。

运行方式

1）命令行：LAYERSTATE。

2）功能区："常用" → "图层" → "图层状态管理器"。

3）工具栏："图层" → "图层状态管理器" 📚。

💡 **"图层状态管理器" 对话框（图4-23）中的按钮及选项介绍如下：**

新建：打开图4-24所示的"要保存的新图层状态"对话框，创建新图层状态的名称和说明。

保存：保存某个图层状态。

编辑：编辑某个状态中图层的设置。

重命名：重命名某个图层状态和修改说明。

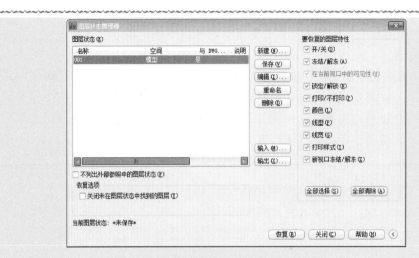

图4-23 "图层状态管理器"对话框

删除：删除某个图层状态。

输入：将先前输出的图层状态（.las）文件加载到当前图层，也可输入DWG文件中的图层状态。输入图层状态文件可能导致创建其他图层，但不会创建线型。

输出：以".las"形式保存某图层状态的设置。

恢复：恢复保存的某个图层状态。

对于已保存的图层状态，可以在"要恢复的图层特性"对话框中修改图层状态的其他选项。如果没有看到这一部分，可单击"图层状态管理器"对话框右下角的"更多恢复选项"箭头按钮。

图4-24 "要保存的新图层状态"对话框

4.8.3 图层相关的其他命令

在Ribbon界面的"常用"选项卡→"图层"面板中，如图4-25所示，中望CAD还提供一系列与图层相关的功能，方便用户使用。其中的图层特性管理器和图层状态管理器的功能上文已介绍过，这里不再重复，其他命令的功能介绍见表4-3。

图4-25 图层面板

表4-3 图层面板命令功能介绍

按钮	命令	命令行	功　　能
	隔离	Layiso	关闭其他所有图层，使一个或多个选定的对象所在的图层与其他图层隔离

（续）

按钮	命令	命令行	功能
	取消隔离	Layuniso	打开使用 Layiso 命令隔离的图层
	关闭	Layoff	关闭选定对象所在的图层
	冻结	Layfrz	冻结选定对象所在的图层，并使其不可见，不能重新生成，也不能打印
	锁定	Laylck	执行该命令可锁定图层
	解锁	Layulk	将选定对象所在的图层解锁
	打开所有图层	Layon	打开全部关闭的图层
	解冻所有图层	Laythw	解冻全部被冻结的图层
	图层浏览	Laywalk	浏览图形中所包含的图层信息，动态显示选中的图层中的对象
	将对象的图层设为当前图层	Laymcur	将选定对象所在图层置设为当前图层
	移至当前图层	Laycur	将一个或多个图层的对象移至当前图层
	上一个图层	Layerp	放弃对图层设置（如颜色或线型）的上一个或上一组更改
	改层复制	Copytolayer	将指定的图形一次复制到指定的新图层中
	图层合并	Laymrg	将指定的图层合并到同一层
	图层匹配	Laymch	把源对象上的图层特性复制给目标对象，以改变目标对象的特性

除了可以单击图标按钮启动这些命令外，还可以在命令栏输入英文命令来执行这些命令。

任务4.9　查询命令操作

4.9.1　查询距离与角度

QR 微课视频直通车 050：
本视频主要介绍中望 CAD 的查询距离与弧线长度命令。
打开手机微信扫描右侧二维码来观看学习吧！

1. 运行方式

1）命令行：Dist。

2）工具栏："查询"→"距离"。

Dist 命令可以计算任意选定两点间的距离，得到如下信息：

1）以当前绘图单位表示的点间距。

2）在 XY 平面上的角度。

3）与 XY 平面的夹角。

4）两点间在 X、Y、Z 轴上的增量 ΔX、ΔY、ΔZ。

2. 操作步骤

执行 Dist 命令后，系统提示：

距离起始点：指定所测线段的起始点。

终点：指定所测线段的终点。

用 Dist 命令查询图 4-26 中 B、C 两点间的距离及夹角 D。

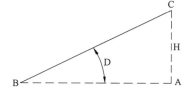

图 4-26　用 Dist 命令查询距离与角度

命令:Dist	执行 Dist 命令
指定第一点:	捕捉起始点 B
指定第二点:	捕捉终点 C 后回车
距离 =150,XY 平面中的倾角 =30,与 XY 平面的夹角 =0	B、C 两点间的距离为150mm
X 增量 =129.9038,Y 增量 =75,Z 增量 =0.0000	夹角 D 为30°,H 为75mm

注意

选择特定点时，最好使用对象捕捉方式来精确定位。

4.9.2　查询面积

1. 运行方式

1）命令行：Area。

2）工具栏："查询"→"面积"。

Area 命令可以测量：

1）由一系列点定义的一个封闭图形的面积和周长。

2）由圆、封闭样条线、正多边形、椭圆或封闭多段线所定义的面积和周长。

3）由多个图形组成的复合面积。

2. 操作步骤

用 Area 命令测量图 4-27 所示带一个孔的垫圈的面积。

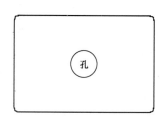

图 4-27　用 Area 命令测量面积

命令:Area	执行 Area 命令
指定第一个角点或[对象(O)/加(A)/减(S)]〈对象(O)〉:a	输入 A,选择添加

指定第一个角点或[对象(O)/减(S)]:o	输入 O,选择对象模式
("加"模式)选择对象:	选取对象"矩形"
面积(A)=15858.0687,周长(P)=501.3463	系统显示矩形的面积
总面积(T)=15858.0687	
("加"模式)选择对象:	回车结束添加模式
指定第一个角点或[对象(O)/减(S)]:s	输入 S,选择减去
指定第一个角点或[对象(O)/加(A)]:o	输入 O,选择对象模式
("减"模式)选择对象:	选取对象"圆孔"
面积(A)=1827.4450,圆周(C)=151.5399	显示测量结果
总面积(T)=14030.6237	
("减"模式)选择对象:	回车结束命令

💡 **执行 Area 命令后,命令行提示选项介绍如下:**

对象 (O):为选定的对象计算面积和周长,被选取的对象有圆、椭圆、封闭多段线、多边形、实体和平面。

加 (A):计算多个对象或选定区域的周长和面积总和,同时也可计算出单个对象或选定区域的周长和面积。

减 (S):与"加"类似,是减去选取的区域或对象的面积和周长。

〈第一个角点〉:可以对由多个点定义的封闭区域的面积和周长进行计算。程序依靠连接每个点所构成的虚拟多边形围成的空间来计算面积和周长。

注意
选择点时,可在已有图线上使用对象捕捉方式。

 随堂练习

1. 填空题

(1) 按住(　　)键,在图形窗口任意位置单击鼠标右键出现对象捕捉快捷菜单,选择所需对象进行捕捉。

(2) 中望 CAD 中的(　　)命令可查询当前图形文件中任意两点之间的直线距离、点之间相对位置的夹角,以及点的 X、Y 坐标值差。

2. 选择题

(1) 线型是由短线、点和(　　)组成的图案。

A. 长线

B. 空格

C. 多义线

(2) 如果图层被（   ），该图层上的图形对象将不能被显示或绘制出来，而且也不参加图形之间的运算。

A. 冻结

B. 关闭

C. 锁定

(3) 中望 CAD 中提供的（   ）命令可查询由若干点所确定区域（或由指定对象所围成区域）的周长。

A. Area

B. Grid

C. Dist

3. 综合题

(1) 建立两种新的线型，并将其应用到图形中。

(2) 绘制图 4-28 所示图形并查询相关信息，回答下列五个问题：

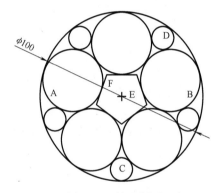

图 4-28　综合题图

① 圆 A 的面积是（   ）mm²。

A. 1074.326

B. 1075.326

C. 1076.326

D. 1077.326

② 圆 C 的面积为_____ mm²。

③ 圆心 C 至圆心 D 的直线距离为_____ mm。

④ E 点至圆心 D 的距离为_____ mm。

⑤ 正五边形 F 的周长是多少？

项目5

图 案 填 充

学习目标

通过对本项目的学习，掌握以下技能与方法：

☑ 能够通过快捷键创建、设置图案填充。

☑ 能够使用快捷键创建面域。

任务内容

学习并探索中望 CAD 软件中的图案填充命令使用方法，对图 5-1 所示零件填充。

实施条件

1. 台式计算机或便携式计算机。

2. 中望 CAD 正版软件。

任务实施

在绘制图样过程中，有时需要重复绘制某些图案来填充图形中的一个区域，以表达该区域的特征，称为图案填充。本项目主要介绍图案填充命令的使用方法。

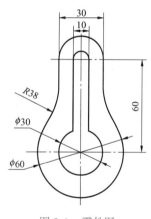

图 5-1 零件图

▶▲ 任务 5.1 创建图案填充 ▲◀

QR 微课视频直通车 051：

本视频主要介绍中望 CAD 的设置图案填充命令。

打开手机微信扫描右侧二维码来观看学习吧！

在进行图案填充时，使用对话框的方式进行操作，非常直观和方便。

1. 运行方式

1）命令行：Bhatch/Hatch（H）。

2）功能区："常用"→"绘制"→"填充"。

3）工具栏："绘图"→"图案填充" 。

使用图案填充命令能在指定的填充边界内填充一定样式的图案。图案填充命令以对话框设置填充方式，包括填充图案的样式、比例、角度，填充边界等。

2. 操作步骤

使用 Bhatch 命令将图 5-2a 填充成图 5-2b 所示的效果，操作步骤如下：

1）执行 Bhatch 命令，系统弹出"图案填充和渐变色"对话框，如图 5-3 所示。

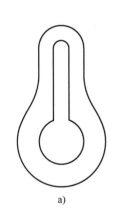
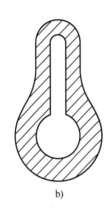

a)   b)

图 5-2　填充界面

图 5-3　"图案填充和渐变色"对话框

2）在"填充"选项卡的"类型和图案"区里，"类型"选择"预定义"，然后在"图案"下拉列表中选择一种需要的图案。

3）在"角度和比例"区中，把"角度"设为0，"比例"设为1。

4）勾选"动态预览"，可以实时预览填充效果。

5）在"边界"项中，单击"拾取点"按钮后，在要填充的零件内单击一点来选择填充区域，预览填充结果如图 5-4 所示。

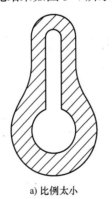

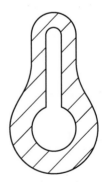

a) 比例太小　　　　　b) 比例太大　　　　　c) 比例合适

图 5-4　预览填充结果

6）在图 5-4 中，比例为"1"时出现图 5-4a 所示的情况，说明比例太小；重新设定比例为"10"，出现图 5-4b 所示的情况，说明比例太大；不断改变比例，当比例为"3"时，出现图 5-4c 所示的情况，说明此比例合适。

7）得到满意的效果后单击"确定"按钮执行填充，零件就会填充成图 5-2b 所示的效果。

注意

1）区域填充时，所选择的填充边界需要形成封闭的区域，否则系统会提示警告信息"没找到有效边界"。

2）填充图案是一个独立的图形对象，填充图案中所有的线都是关联的。

3）如果有需要，可以用 Explode 命令将填充图案分解成单独的线条，一旦被分解，它与原边界对象将不再具有关联性。

▶▶▲ 任务 5.2　设置图案填充 ▲◀◀

执行图案填充命令后，弹出"图案填充和渐变色"对话框，"填充"选项卡中各选项介绍如下。

1. 类型和图案

类型：类型有三种，单击下拉箭头可进行选择，分别是预定义、学生定义和自定义，中望 CAD 默认选择预定义方式。

图案：通过显示填充图案文件的名称，用来选择填充图案。单击下拉箭头可选择填充图案，也可以单击列表后面的按钮 🔘，开启"填充图案选项板"对话框，通过预览图像，选择需要的图案进行填充，如图 5-5 所示。

样例：显示当前选中的图案样式。单击所选的图案样式，也可以打开"填充图案选项板"对话框。

图 5-5　"填充图案选项板"对话框

2. 角度和比例

角度：设置图样中剖面线的倾斜角度。默认值是 0°，可以输入值改变角度。

比例：图案填充时的比例因子。中望 CAD 提供的各图案都有默认的比例，如果此比例不合适（太密或太稀），可以输入值给出新比例。

3. 图案填充原点

原点用于控制图案填充原点的位置，也就是生成图案填充的起点位置。

使用当前原点：以当前原点为图案填充的起点，一般情况下，原点设置为"0, 0"。

指定的原点：指定一点，使其成为新的图案填充的原点。还可以进一步调整原点相对于边界范围的位置，共有五种情况：左下、右下、左上、右上、正中。如图 5-6 所示。

默认为边界范围：指定新原点为图案填充对象边界的矩形范围中的四个角点或中心点。

存储为默认原点：把当前设置保存成默认的原点。

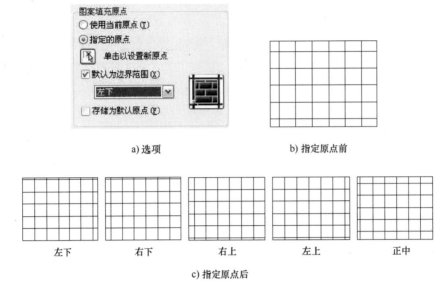

a) 选项   b) 指定原点前

左下   右下   右上   左上   正中

c) 指定原点后

图5-6   图案填充指定原点

4. 边界

中望CAD提供了两种指定图案边界的方法，分别是通过拾取点和选择对象来确定填充边界。

拾取点：单击需要填充区域内的一点，系统将寻找包含该点的封闭区域进行填充。

选择对象：用鼠标选择要填充的对象，常用于多个或多重嵌套的图形。

删除边界：将多余的对象排除在边界集外，使其不参与边界计算，如图5-7所示。

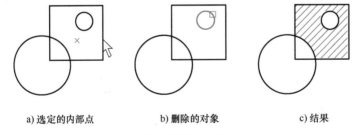

a) 选定的内部点   b) 删除的对象   c) 结果

图5-7   删除边界图示

重新创建边界：以填充图案自身补全其边界，采取编辑已有图案的方式，可将生成的边界类型定义为面域或多段线，如图5-8所示。

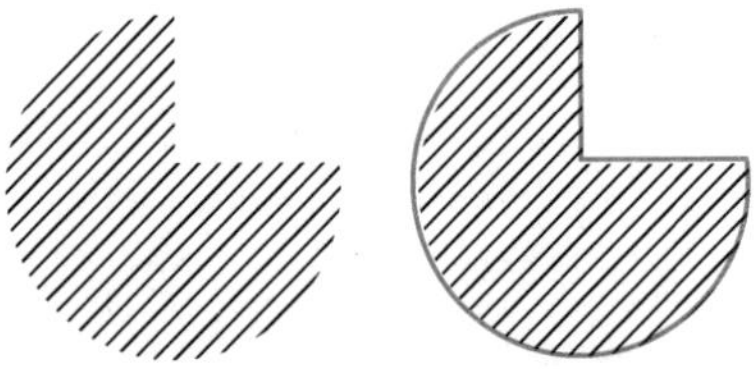

查看选择集：单击此按钮后，可在绘图区域亮显当前定义的边界集合。

a) 无边界的填充图案   b) 生成边界

图5-8   重新创建边界

5. 孤岛

封闭区域内的填充边界称为孤岛。可以指定填充对象的显示样式，有普通、外部和忽略三种孤岛显示样式，如图5-9所示。"普通"是默认的孤岛显示样式。

孤岛检测：用于控制是否进行孤岛检测，将最外层边界内的对象作为边界对象。

普通：从外向内隔层画剖面线。

外部：只将最外层画上剖面线。

忽略：忽略边界内的孤岛，对全图画上剖面线。

| a) 选取内部点 | b) 检测边界 | c) 普通 | d) 外部 | e) 忽略 |

图 5-9　孤岛显示样式

6. 预览

预览：可以在应用填充之前查看效果。单击"预览"按钮，将临时关闭对话框，在绘图区域预先浏览边界填充的结果，单击图形或按〈esc〉键返回对话框，单击鼠标右键或按回车键接受填充。

动态预览：可以在不关闭"填充"对话框的情况下预览填充效果，以便动态地查看并及时修改填充图案。"动态预览"和"预览"选项不能同时选中，只能选择其中一种预览方法。

7. 其他高级选项

在默认情况下，"其他选项"栏是被隐藏起来的，当单击"其他选项"按钮 >> 时，将其展开后会弹出图 5-10 所示的对话框。

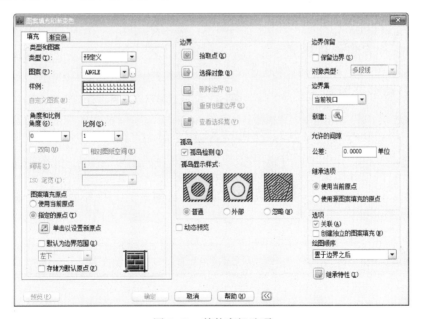

图 5-10　其他高级选项

边界保留：此选项用于以临时图案填充边界创建边界对象，并将它们添加到图形中，在"对象类型"栏内选择边界的类型是面域或多段线。

边界集：可以指定比屏幕显示小的边界集，在一些相对复杂的图形中需要进行长时间分析操作时可以使用此项功能。

允许的间隙：一幅图形中有些边界区域并不是严格封闭的，接口处存在一定空隙，而且空隙往往比较小，不易观察到，造成边界计算异常。考虑到这种情况，中望CAD设计了此选项，使得在可控制的范围内，即使边界不封闭也能够完成填充操作。

继承选项：使用"继承特性"创建图案填充时，将以这里的设置来控制图案填充原点的位置。

"使用当前原点"项表示将当前的图案填充原点设置为目标图案填充的原点；"使用源图案填充的原点"表示以复制的源图案填充的原点为目标图案填充的原点。

关联：确定填充图案与边界的关系。若选中此项，填充图案将与填充边界保持关联关系，当填充边界被缩放或移动时，填充图案也相应地随之变化，系统默认关联，如图5-11a所示。

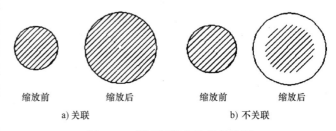

图5-11 填充图案与边界的关联

如果取消勾选"关联"前的复选框，即关闭此开关，那么图案与边界将不再关联，也就是填充图案不随着边界变化，如图5-11b所示。

创建独立的图案填充：对于有多个独立封闭边界的情况，中望CAD可以用两种方式创建填充，一种是将几处的图案定义为一个整体，另一种是将各处图案独立定义。如图5-12所示，通过显示对象夹点可以看出，在未选择此项时，创建的填充图案是一个整体；而选择此项时，创建的是三个填充图案。

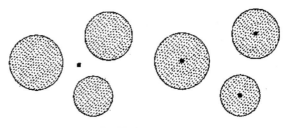

图5-12 通过显示对象夹点查看图案填充是否独立

绘图顺序：当填充图案发生重叠时，用此选项来控制图案的显示层次。

继承特性：用于将源填充图案的特性匹配到目标图案上，并且可以在"继承"选项里指定继承的原点。

☑ 随堂练习

1. 选择题

（1）控制是否显示图像边界的命令是（　　　）。

A. Imageadjust　　　　　　　　　　　B. Imageclip

C. Image　　　　　　　　　　　　　　D. Imageframe

（2）可以将光栅图像的边界剪裁成（　　　）。

A. 圆

B. 椭圆

C. 多边形

D. 样条线构成的封闭形状

2. 画图题

（1）画出图 5-13 所示图形的剖面线。

（2）画出图 5-14 所示的奥运五环图案（各环的颜色分别为蓝色、黄色、黑色、绿色、红色）。

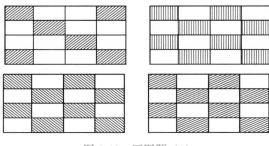

图 5-13　画图题（1）

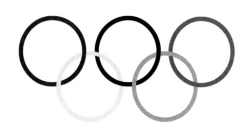

图 5-14　画图题（2）

（3）画出图 5-15 所示的连杆图，并进行图案填充。

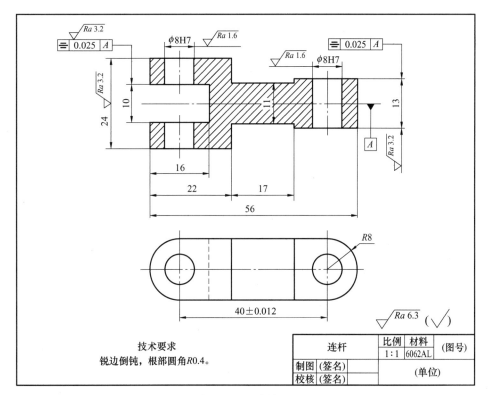

图 5-15　画图题（3）

项目6

创建文字和表格

学习目标

通过对本项目的学习，掌握以下技能与方法：
- ☑ 能够通过快捷键设置文字样式。
- ☑ 能够通过输入代码完成特殊字符的输入。
- ☑ 能够使用 Ddedit 命令修改或标注文本内容。
- ☑ 能够使用自动编号命令完成编号。

任务内容

学习并探索中望 CAD 软件中的文字和表格命令使用方法，自行完成图 6-1b 所示表格绘制。

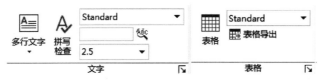

a) 文字和表格命令

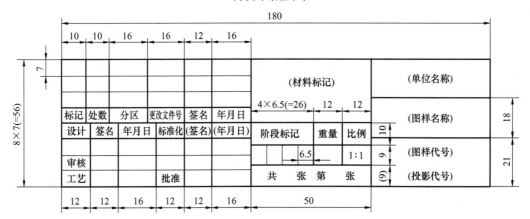

b) 表格绘制示例

图 6-1　文字和表格命令应用示例

实施条件

1. 台式计算机或便携式计算机。
2. 中望 CAD 正版软件。

任务实施

在中望 CAD 图样中，除了图形对象外，文字和表格也是非常重要的组成部分。在绘图过程中，有时需要给图形标注一些恰当的文字说明，使图形更加明白、清楚，从而完整地表达其设计意图。表格可用于显示数字和其他内容，以便快速引用、统计和分析，并方便使用者查阅。

本项目主要学习设置字体与样式、输入特殊字符、标注和编辑文本、创建表格样式和空白表格、编辑表格、使用字段等知识，使读者能熟练地在图形中加入文字说明和表格。

任务 6.1 设置文字样式

在中望 CAD 软件中标注的所有文本，都有其特有的文字样式。本节主要讲述字体、文字样式的定义以及如何设置文字样式等知识。

QR 微课视频直通车 052：
本视频主要介绍中望 CAD 的设置文字样式命令。
打开手机微信扫描右侧二维码来观看学习吧！

6.1.1 字体与文字样式

字体是由具有相同构造规律的字母或汉字组成的字库。例如，英文有 Roman、Romantic、Complex、Italic 等字体，汉字有宋体、黑体、楷体等字体。中望 CAD 提供了多种可供定义样式的字体，包括 Windows 系统 Fonts 目录下的 "∗.ttf" 字体和中望 CAD 的 Fonts 目录下的大字体及西文的 "∗.shx" 字体。

用户可根据需要定义具有字体、字符大小、倾斜角度、文本方向等特性的文字样式。在中望 CAD 绘图过程中，所有的标注文本都具有其特定的文字样式，字符大小由字符高度和字符宽度决定。

6.1.2 文字样式设置步骤

1. 运行方式

1）命令行：Style（ST）。

2）功能区："工具"→"样式管理器"→"文字样式"。

3）工具栏："文字"→"文字样式" 。

Style 命令用于设置文字样式，包括字体、字符高度、字符宽度、倾斜角度、文本方向等参数。

2. 操作步骤

执行 Style 命令，系统自动弹出"字体样式"对话框。设置新样式为"宋体"字体，如

图 6-2 所示,其操作步骤如下:

图 6-2 "字体样式"对话框

命令:Style	执行 Style 命令
单击"当前样式名"对话框的"新建"按钮	系统弹出"新文字样式"对话框
在对话框中输入"宋体",单击"确定"按钮	设定新样式名"宋体"并返回主对话框
在文本字体框中选宋体	设定新字体"宋体"
在文本度量框中填写	设定字体的高度、宽度、角度
单击"应用"按钮	将新样式"宋体"加入图形
单击"确定"按钮	完成新样式设置,关闭对话框

读者可以自行设置其他的文字样式。图 6-2 所示对话框中各选项的含义和功能介绍如下:

当前样式名:该区域用于设定样式名称,可以从该下拉列表框中选择已定义的样式或者单击"新建"按钮创建新样式。

新建:用于定义一个新的文字样式。单击该按钮,在弹出的"新文字样式"对话框的"样式名称"编辑框中输入要创建的新样式的名称,然后单击"确定"按钮。

重命名:用于更改图中已定义的某种样式的名称。在左边的下拉列表框中选取需要重命名的样式,单击"确定"按钮,在弹出的"重命名文字样式"对话框的"样式名称"编辑框中输入新样式名,然后再次单击"确定"按钮。

删除:用于删除已定义的某种样式。在左边的下拉列表框中选取需要删除的样式,然后单击"删除"按钮,系统将会提示是否删除该样式,单击"确定"按钮表示删除,单击"取消"按钮表示取消删除。

文本字体:该区域用于设置当前样式的字体、字体格式、字体高度。

◆ 字体名:该下拉列表框中列出了 Windows 系统的 TrueType (TTF) 字体与中望 CAD 系统库里的字体。可在此选一种需要的字体作为当前样式的字体。

◆ 字型:该下拉列表框中列出了字体的几种样式,如常规、粗体、斜体等,可任选一种样式作为当前字型的字体样式。

◆ 大字体:选中该复选框,可使用大字体定义字型。

文本度量：

◆ 文本高度：该编辑框用于设置当前字型的字符高度。

◆ 宽度因子：该编辑框用于设置字符的宽度因子，即字符宽度与高度之比。取值为1时表示保持正常字符宽度，大于1表示加宽字符，小于1表示使字符变窄。

◆ 倾斜角：该编辑框用于设置文本的倾斜角度。大于0°时，字符向右倾斜；小于0°时，字符向左倾斜。

文本生成：

◆ 文本反向印刷：选择该复选框后，文本将反向显示。

◆ 文本颠倒印刷：选择该复选框后，文本将颠倒显示。

◆ 文本垂直印刷：选择该复选框后，将以垂直方式显示字符。"True Type"字体不能设置为垂直书写方式。

预览：该区域用于预览当前字型的文本效果。

设置完样式后单击"应用"按钮，可将新样式加入当前图形中。完成样式设置后，单击"确定"按钮关闭"字体样式"对话框。

注意

1）中望CAD图形中的所有文本都有其对应的文字样式。系统默认样式为"Standard"，需要预先设定文本的样式，并将其指定为当前使用样式，系统才能将文字按指定的文字样式写入字型中。

2）更名（Rename）和删除（Delete）选项对Standard样式无效。图形中已使用的样式不能被删除。

3）对于每种文字样式而言，其字体及文本格式都是唯一的，即所有采用该样式的文本都具有统一的字体和文本格式。如果想在一幅图形中使用不同的字体设置，则必须定义不同的文字样式。对于同一字体，可将其字符高度、宽度因子、倾斜角度等文本特征设置为不同，从而定义成不同的字型。

4）可用Change命令改变选定文本的字型、字体、字高、字宽、文本效果等设置，也可选中要修改的文本后单击鼠标右键，在弹出的快捷菜单中选择属性设置，以改变文本的相关参数。

▶▲ 任务6.2　标注文本 ◀◀

6.2.1　单行文本

QR 微课视频直通车 053：

本视频主要介绍中望CAD的注写单行文本命令。

打开手机微信扫描右侧二维码来观看学习吧！

1. 运行方式

1）命令行：Text。

2）功能区："常用"→"注释"→"单行文字"。

3）工具栏："文字"→"单行文本" 。

Text 命令可为图形标注一行或几行文本，每一行文本作为一个实体。该命令同时设置文本的当前样式、旋转角度（Rotate）、对齐方式（Justify）和字高（Resize）等。

2. 操作步骤

使用 Text 命令在图 6-3 中标注文本，采用设置新字体的方法，中文采用仿宋字型，其操作步骤如下：

图 6-3　标注文本

命令：Text	执行 Text 命令
当前文字样式："STYLE1" 文字高度：2.5000	显示当前的文字样式和高度
指定文字的起点或 [对正(J)/样式(S)]：	输入 S,选择样式选项
输入样式名或 [?]〈STYLE1〉:仿宋	设定当前文字样式为仿宋
当前文字样式："仿宋" 文字高度：2.5000	显示当前的文字样式和高度
指定文字的起点或 [对正(J)/样式(S)]:J	输入 J,选择调整选项
输入选项 [对齐(A)/布满(F)/居中(C)/中间(M)/右对齐(R)/左上(TL)/中上(TC)/右上(TR)/左中(ML)/正中(MC)/右中(MR)/左下(BL)/中下(BC)/右下(BR)]: mc	
	输入 MC,选择 MC(中心)对齐方式
指定文字的中间点：	拾取文字中心点
指定高度〈2.5000〉: 10	输入 10,指定文字的高度
指定文字的旋转角度〈180〉:0	设置文字旋转角度为 0°
文字:中望 CAD 实用教程	输入文本,按回车键结束文本输入

💡 **以上各项的含义和功能说明如下：**

　　样式（S）：此选项用于指定文字样式，即文字字符的外观。执行该选项后，系统出现提示信息"输入样式名或 [?]〈Standard〉:"，输入已定义的文字样式名称或单击回车键选用当前的文字样式；也可输入"?"，系统提示"输入要列出的文字样式〈*〉:"，单击回车键后，屏幕转为文本窗口列表，显示图形定义的所有文字样式名、字体文件、高度、宽度比例、倾斜角度、生成方式等参数。

　　对齐（A）：标注文本在学习者的文本基线的起点和终点之间保持字符宽度因子不变，通过调整字符的高度来匹配对齐。

　　布满（F）：标注文本在指定的文本基线的起点和终点之间保持字符高度不变，通过调整字符的宽度因子来匹配对齐。

　　居中（C）：标注文本中点与指定点对齐。

　　中间（M）：标注文本的文本中心和高度中心与指定点对齐。

右对齐（R）：在图形中指定的点与文本基线的右端对齐。

左上（TL）：在图形中指定的点与标注文本顶部左端点对齐。

中上（TC）：在图形中指定的点与标注文本顶部中点对齐。

右上（TR）：在图形中指定的点与标注文本顶部右端点对齐。

左中（ML）：在图形中指定的点与标注文本左端中间点对齐。

正中（MC）：在图形中指定的点与标注文本中部中心点对齐。

右中（MR）：在图形中指定的点与标注文本右端中间点对齐。

左下（BL）：在图形中指定的点与标注文本底部左端点对齐。

中下（BC）：在图形中指定的点与字符串底部中点对齐。

右下（BR）：在图形中指定的点与字符串底部右端点对齐。

ML、MC、MR 三种对齐方式中所指的中点均是文本大写字母高度的中点，即文本基线到文本顶端距离的中点；Middle 所指的文本中点是文本的总高度（包括如 j、y 等字符的下沉部分）的中点，即文本底端到文本顶端距离的中点，如图 6-4 所示。如果文本串中不含 j、y 等下沉字母，则文本底端线与文本基线重合，即 MC 与 Middle 相同。

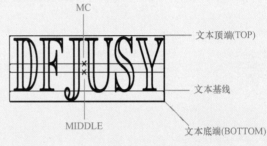

图 6-4　文本底端到文本顶端距离的中点

注意

1）在出现提示"输入样式名或［?］〈Standard〉："后输入"?"，并在列出清单后直接按回车键，系统将在文本窗口中列出当前图形中已定义的所有字型名及其相关设置。

2）在输入一段文本并退出 Text 命令后，若再次进入该命令（无论中间是否进行了其它命令操作），将继续前面的文字标注工作，上一个 Text 命令中最后输入的文本将呈高亮显示，且字高、角度等文本特性将沿用上次的设定。

6.2.2　多行文本

QR 微课视频直通车 054：

本视频主要介绍中望 CAD 的注写多行文本命令。

打开手机微信扫描右侧二维码来观看学习吧！

1. 运行方式

1）命令行：Mtext（MT、T）。

2）功能区："常用"→"注释"→"多行文字"。

3) 工具栏:"绘图"→"多行文本" 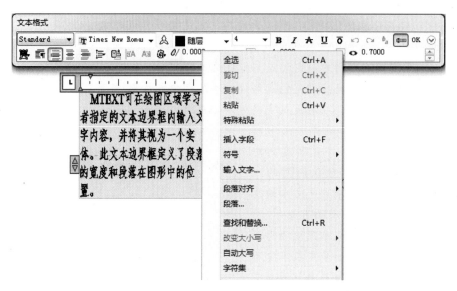。

使用 Mtext 命令可在绘图区域指定的文本边界框内输入文字内容,并将其视为一个实体。此文本边界框定义了段落宽度和段落在图形中的位置。

2. 操作步骤

在绘图区标注一段文本,结果如图 6-5 所示。操作步骤如下:

图 6-5　多行文字编辑对话框及右键菜单

命令:Mtext	执行 Mtext 命令
当前文字样式:"Standard"文字高度:4	显示当前文字样式及高度
多行文字:字块第一点:在屏幕上拾取一点	选择段落文本边界框的第一角点
指定对角点或/高度(H)/对正(J)/行距(L)/旋转(R)/样式(S)/宽度(W)/:s	输入 S,重新设定样式
输入样式名或[?]<Standard>:仿宋	选择"仿宋"作为当前样式
指定对角点或/高度(H)/对正(J)/行距(L)/旋转(R)/样式(S)/宽度(W)/:	拾取另一点

选择字块对角点,在弹出的对话框中输入"广州中望龙腾软件股份有限公司……",单击"OK"按钮结束文本输入。

中望 CAD 实现了多行文字的所见即所得效果。也就是说,在编辑对话框中看到的显示效果与图形中文字的实际效果完全一致,并支持在编辑过程中使用鼠标中键进行缩放和平移。

由以往的多行文字编辑器改造为在位文字编辑器,对文字编辑器的界面进行了重新部署。新的在位文字编辑器包括三个部分:文字格式工具栏、菜单选项和文字格式选项栏,增强了对多行文字的编辑功能,如上划线、标尺、段落对齐、段落设置等。对话框中部分按钮和设置的简单说明如图 6-6 所示。"文本格式"工具栏选项及按钮说明见表 6-1。

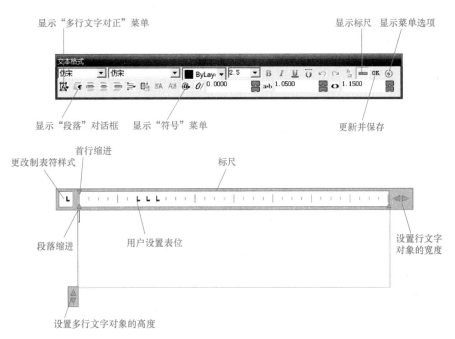

图 6-6 多行文字编辑对话框

表 6-1 "文本格式"工具栏选项及按钮说明

图 标	名 称	功 能 说 明
仿宋 ▼	样式	为多行文字对象选择文字样式
仿宋 ▼	字体	从该下拉列表框中任选一种字体修改选定文字或为新输入的文字指定字体
■ ByLay ▼	颜色	用户可从颜色列表中为文字任意选择一种颜色,也可指定ByLayer 或 ByBlock 的颜色,使其与所在图层或所在块相关联;或在颜色列表中选择"其他颜色",打开"选择颜色"对话框,选择颜色列表中没有的颜色
5 ▼	文字高度	设置当前字体高度。可在下拉列表框中选取,也可直接输入
B I U O	粗体/斜体/上划线/下划线	设置当前标注文本是否加黑、倾斜、加下划线、加上划线
↶	撤销	撤销上一步操作
↷	重做	重做上一步操作
堆叠	堆叠	设置文本的重叠方式。只有当文本中含有"/""^""#"这三种分隔符号,且含有这三种符号的文本被选定时,该按钮才被执行

在文字输入窗口单击鼠标右键,将弹出一个快捷菜单,通过此快捷菜单可以对多行文本进行更多设置,如图6-5所示。

😊 **该快捷菜单中的各命令的含义和功能如下：**

全选：选择"在位文字编辑器"文本区域中包含的所有文字对象。

选择性粘贴：粘贴时可能会清除某些格式，可以根据需要，将粘贴的内容做出相应的格式清除，以达到所期望的结果。

◆ 无字符格式粘贴：清除粘贴文本的字符格式，仅粘贴字符内容和段落格式，无字体颜色、字体大小、粗体、斜体、上下划线等格式。

◆ 无段落格式粘贴：清除粘贴文本的段落格式，仅粘贴字符内容和字符格式，无制表位、对齐方式、段落行距、段落间距、左右缩进、悬挂等段落格式。

◆ 无任何格式粘贴：粘贴进来的内容只包含可见文本，既无字符格式也无段落格式。

插入字段：打开"字段"对话框，通过该对话框创建带字段的多行文字对象。

符号：选择该命令中的子命令，可以在标注文字时输入一些特殊的字符，如"φ""°"等。

输入文字：选择该命令，打开"选择文件"对话框，利用该对话框可以导入在其他文本编辑中创建的文字。

段落对齐：设置多行文字对象的对齐方式。

段落：设置段落的格式。

查找和替换：在当前多行文字编辑器中的文字中搜索指定的文字字段并用新文字替换。但需要注意的是，替换的只是文字内容，字符格式和文字特性不变。

改变大小写：改变选定文字的大小写。可以选择"大写"和"小写"。

自动大写：设置即将输入的文字全部为大写。该设置对已存在的文字没有影响。

字符集：字符集中列出了平台所支持的各种语言版本。用户可根据实际需要，为选取的文字指定语言版本。

合并段落：选择该命令，可以合并多个段落。

删除格式：选择该命令，可以删除文字中应用的格式，如加粗、倾斜等。

背景遮罩：打开"背景遮罩"对话框，为多行文字对象设置不透明背景。

堆叠/非堆叠：为选定的文字创建堆叠，或取消包含堆叠字符文字的堆叠。此菜单项只在选定可堆叠或已堆叠的文字时才显示。

堆叠特性：打开"堆叠特性"对话框，编辑堆叠文字、堆叠类型、对齐方式和大小。此菜单项只在选定已堆叠的文字时才显示。

编辑器设置：显示"文字格式"工具栏的选项列表。

◆ 始终显示为 WYSIWYG（所见即所得）：控制在位文字编辑器及其中文字的显示。

◆ 显示工具栏：控制"文字格式"工具栏的显示。要恢复工具栏的显示，可在"在位文字编辑器"的文本区域中单击鼠标右键，并选择"编辑器设置"→"显示工具栏"菜单项。

◆ 显示选项：控制"文字格式"工具栏下的"文字格式"选项栏的显示。选项栏的显示是基于"文字格式"工具栏的。

◆ 显示标尺：控制标尺的显示。

◆ 不透明背景：设置编辑框背景为不透明，背景色与界面视图中背景色相近，用来遮挡住编辑器背后的实体。默认情况下，编辑器是透明的。

注意：选中"始终显示为 WYSIWYG"项时，此菜单项才会显示。

◆ 弹出切换文字样式提示：当更改文字样式时，控制是否显示应用提示的对话框。

◆ 弹出退出文字编辑提示：当退出"在位文字编辑器"时，控制是否显示保存提示的对话框。

了解多行文字：显示在位文字编辑器的帮助菜单，包含多行文字功能概述。

取消：关闭"在位文字编辑器"，取消多行文字的创建或修改。

注意

1）Mtext 命令与 Text 命令有所不同。使用 Mtext 命令输入的多行段落文本是一个实体，只能对其进行整体选择、编辑；Text 命令也可以输入多行文本，但每一行文本单独作为一个实体，可以分别对每一行进行选择、编辑。Mtext 命令标注的文本可以忽略字型的设置，只要在文本标签页中选择了某种字体，那么不管当前的字型设置采用何种字体，标注文本都将采用所选择的字体。

2）若要修改已标注的 Mtext 文本，可在选取该文本后单击鼠标右键，在弹出的快捷菜单中选择"参数"项，即弹出"对象属性"对话框进行文本修改。

3）输入文本的过程中，可对单个或多个字符进行不同的字体、高度、加粗、倾斜、下划线、上划线等设置，这点与字处理软件相同。其操作方法是：单击并拖动，选中要编辑的文本，然后再设置相应选项。

▷▲ 任务 6.3　编辑文本 ▲◁

QR 微课视频直通车 055：

本视频主要介绍中望 CAD 的编辑文本命令。
打开手机微信扫描右侧二维码来观看学习吧！

运行方式

1）命令行：Ddedit。

2）工具栏："文字"→"编辑文字" 。

Ddedit 命令可以编辑、修改或标注文本的内容，如增减或替换 Text 文本中的字符、编辑 Mtext 文本或定义属性。

使用 Ddedit 命令将图 6-7 所示文字后面加上"中望 CAD"，其操作步骤如下：

命令：Ddedit	执行 Ddedit 命令
选择注释对象或[撤消(U)]：	选取要编辑的文本

选取文本后，该单行文字自动进入编辑状态，如图 6-7 所示，单行文字在中望 CAD 中也支持"所见即所得"。

广州中望龙腾软件股份有限公司

图 6-7　编辑文字

将光标定位在字符串"广州中望龙腾软件股份有限公司"的后面，输入"中望 CAD"，然后按回车键或单击其他地方，即可完成修改，如图 6-8 所示。

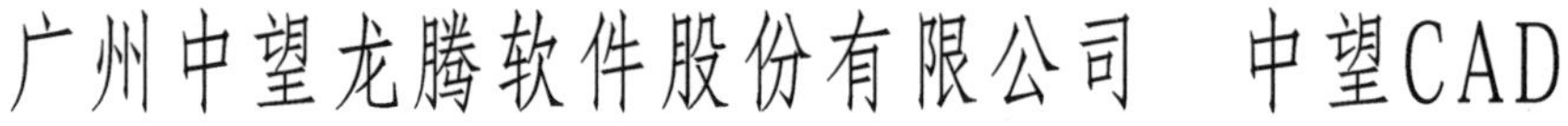

广州中望龙腾软件股份有限公司　中望CAD

图 6-8　输入文字

> **注意**
> 1）可以双击一个要修改的文本实体，然后直接对标注文本进行修改。也可以在选择文本后单击鼠标右键，在弹出的快捷菜单中选择"编辑"选项。
> 2）中望 CAD 支持多行文字中多国语言的输入。对于跨语种协同设计的图样，图中的文字对象分别以多种语言同时显示，极大地方便了图样在不同国家设计人员之间的顺畅交互。

任务 6.4　创建表格

表格是一种由行和列组成的单元格集合，以简洁、清晰的形式提供信息，常用于一些组件的图样中。在中望 CAD 中，可以通过表格和表格样式工具来创建和制作各种样式的明细栏表格。

6.4.1　创建表格样式

> **QR 微课视频直通车 056：**
> 本视频主要介绍中望 CAD 的创建表格样式。
> 打开手机微信扫描右侧二维码来观看学习吧！

1. 运行方式

1）命令行：Tablestyle。

2）功能区："工具"→"样式管理器"→"表格样式"。

3）工具栏："样式"→"表格样式管理器" 。

Tablestyle 命令用于创建、修改或删除表格样式。表格样式可以控制表格的外观。用户可以使用默认表格样式 Standard，也可以根据需要自定义表格样式。

2. 操作步骤

执行 Tablestyle 命令，打开"表格样式"对话框，如图 6-9 所示。

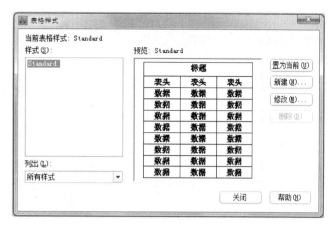

图 6-9　"表格样式"对话框

"表格样式"对话框用于管理当前表格样式，通过该对话框，可新建、修改或删除表格样式。该对话框中的各选项说明如下：

当前表格样式：显示当前使用的表格样式的名称。默认表格样式为 Standard。

"样式"列表：显示所有表格样式。当前被选定的表格样式将被亮显。

列出：在"样式"列表框下拉菜单中选择显示样式，包括"所有样式"和"正在使用的样式"。如果选择"所有样式"，样式列表框中将显示当前图形中所有可用的表格样式，被选定的样式将被突出显示。如果选择"正在使用的样式"，样式列表框中则只显示当前使用的表格样式。

预览：显示"样式"列表中选定表格样式的预览效果。

置为当前：将"样式"列表中被选定的表格样式设定为当前样式。如果不做新的修改，后续创建的表格都将默认使用当前设定的表格样式。

新建：打开"创建新的表格样式"对话框，如图 6-10 所示。通过该对话框创建新的表格样式。

修改：打开修改表格样式对话框，如图 6-11 所示。通过该对话框对当前表格样式的相关参数和特性进行修改。

图 6-10　"创建新的表格样式"对话框

删除：删除"样式"列表中选定的多重引线样式。标准样式（Standard）和当前正在使用的样式不能被删除。

在"表格样式"对话框中，单击"新建"按钮，打开"创建新的表格样式"对话框，在"新样式名"编辑框中输入新的表格样式名称，在"基础样式"下拉列表中选择用于创建新样式的基础样式，中望 CAD 将基于所选样式来创建新的表格样式。

单击"继续"按钮，打开"修改表格样式"对话框，如图 6-11 所示。该对话框中设置内容包括表格方向、表格样式预览、单元样式及选项卡和单元样式预览五部分。该对话框中各项说明如下：

表格方向：更改表格方向。表格方向包括"向上"和"向下"两种选项。

表格样式预览：显示当前表格样式设置效果。

单元样式：在下拉列表中选择要设置的对象，包括标题、表头、数据三种选项。用户也可选择"创建新的单元样式"来添加单元样式，或选择"管理单元样式"来新建、重命名、删除单元格样式。

单元样式选项卡：包括"基本""文字"和"边框"三个选项

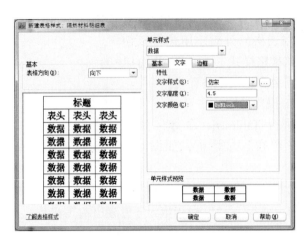

图 6-11 "修改表格样式"对话框

卡，分别用于设置标题、表头和数据单元样式中的基本内容、文字和边框。

单元样式预览：显示当前单元样式设置的预览效果。

完成表格样式的设置后，单击"确定"按钮，系统返回"表格样式"对话框，并将新定义的样式添加到"样式"列表中。单击该对话框中的"确定"按钮关闭对话框，完成新表格样式的定义。

6.4.2 表格创建步骤

QR 微课视频直通车 057：
本视频主要介绍中望 CAD 的创建表格命令。
打开手机微信扫描右侧二维码来观看学习吧！

1. 运行方式

命令行：Table

功能区："注释"→"表格"→"表格"

工具栏："绘图"→"表格"。

Table 命令用于创建新的表格对象。表格由一行或多行单元格组成，用于显示数字和其他项，以便快速引用和分析。

2. 操作步骤

使用 Table 命令创建一个图 6-12 所示的空白表格对象，并对表格内容进行编辑，最终效果如图 6-13 所示。

执行 Tablestyle 命令，打开"表格样式"对话框，如图 6-9 所示。在该对话框中单击

图 6-12　使用 Table 命令创建空白表格

通风隔热屋面选用表					
编号	保温隔热材料	导热系数 /[W/(m·k)]	修正系数	保温隔热材料 厚度 D/mm	平均传热系数 /[W/(m²·k)]
H1-20101103	蒸压加气 混凝土砌砖	0.18	1.25	200	0.89
				250	0.78
				300	0.68
H2-20101104	复合硅酸盐板	0.07	1.2	100	0.76
				110	0.72
				120	0.66
备注：					

图 6-13　表格最终效果

"新建"按钮，在"创建新的表格样式"对话框中输入新样式的名称，如图 6-14 所示。

　　单击对话框中的"继续"按钮，打开"创建新表格样式：隔热材料明细表"对话框，在"单元样式"下拉列表中选择"数据"样式，选择"文字"选项卡，如图 6-15 所示。

　　在"特性"选项组中，单击"文字样式"下拉列表框右侧的 […] 按钮，打开"字体样式"对话框，修改字体样式，如图 6-16 所示。

图 6-14　为新表格样式命名

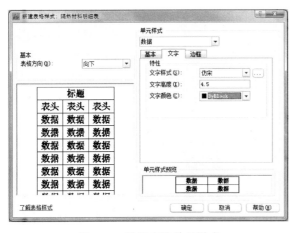

图 6-15　设置表格单元样式

图 6-16　"字体样式"对话框

设置完成后,单击"确定"按钮,返回"创建新表格样式:隔热材料明细表"对话框,在"文字高度"栏中输入文字高度,如图6-17所示。

选择"基本"选项卡,在其中设置对齐方式,如图6-18所示。

在"单元样式"下拉列表中选择"表头"样式,在"文字"选项卡中设置该样式的文字高度,如图6-19所示。

在该对话框中单击"确定"按钮,返回"表格样式"对话框,所设置的"隔热材料明细表"样式出现在预览框内,如图6-20所示。

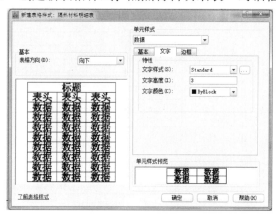

图6-17 设置文字高度

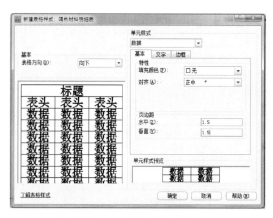

图6-18 设置对齐方式

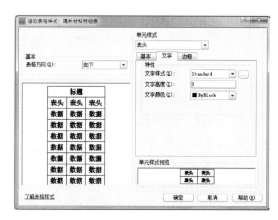

图6-19 设置表头文字高度

在"样式"列表中选择"隔热材料明细表"样式,单击"置为当前"按钮,将此样式设置为当前样式,然后单击"关闭"按钮退出"表格样式"对话框,完成表格样式的设置。

执行Table命令,打开"插入表格"对话框,在"列和行设置"选项组中,输入列数、行数、列宽和行高,如图6-21所示。

图6-20 新样式设置预览

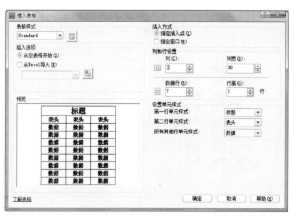

图6-21 设置表格行和列

完成设置后，在该对话框中单击"确定"按钮，在命令行"指定插入点："提示下，在绘图区域中拾取一点，插入表格，完成图 6-12 所示空白表格对象的创建。

▶▲ 任务 6.5 编辑表格 ▲◀

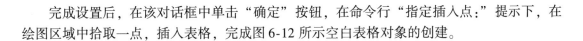

QR 微课视频直通车 058～060：

本视频主要介绍中望 CAD 的编辑表格、表格工具和编辑字段编号命令。

打开手机微信扫描右侧二维码来观看学习吧！

1. 运行方式

命令行：Tabledit。

Tabledit 命令用于编辑表格单元中的文字。

2. 操作步骤

执行 Tabledit 命令，在命令行"拾取表格单元："提示下，拾取一个表格单元，系统同时打开"文本格式"工具栏和文本输入框，如图 6-22 所示。

图 6-22 "文本格式"工具栏和文本输入框

在当前光标所在单元格内，输入文字内容"通风隔热屋面选用表"，如图 6-23 所示。

图 6-23 输入表头单元文字

按〈Tab〉键，切换到下一个单元格，然后在当前单元格内输入文字内容"编号"，如图 6-24 所示。

图 6-24　输入标题单元文字

通过按〈Tab〉键依次激活其他单元格，输入相应的文本内容，并插入相关的特殊符号。最后单击"文本格式"工具栏中的"确定"按钮，结束表格文字的创建，效果如图 6-25所示。

通风隔热屋面选用表					
编号	保温隔热材料	导热系数 /W/(m·k)]	修正系数	保温隔热材料 厚度 D/mm	平均传热系数 /W/(m²·k)]
H1-20101103	蒸压加气混凝土砌砖	0.18	1.25	200	0.89
				250	0.78
				300	0.68
H2-20101104	复合硅酸盐板	0.07	1.2	100	0.76
				110	0.72
				120	0.66
备注：					

图 6-25　输入表格文字

注意

用户还可以通过以下两种方式选择表格单元，并编辑单元格文字内容：

1）双击指定的表格单元。

2）选择指定的表格单元，单击鼠标右键，在弹出的快捷菜单中选择"编辑文字"选项。

 随堂练习

1. 填空题

（1）在中望 CAD 中，标注文本有两种方式：一种方式是＿＿＿＿＿＿，即启动命令后每次只能输入一行文本，不会自动换行输入；另一种方式是＿＿＿＿＿＿，一次可以输入多行文本。

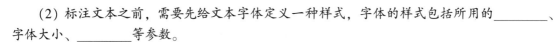

（2）标注文本之前，需要先给文本字体定义一种样式，字体的样式包括所用的_____、字体大小、_____等参数。

2. 综合题

（1）根据需要设置几种新的文字样式，写出图6-26所示字体。

（2）制作图6-27所示文本，并进行文本复制、旋转、加框等操作。

机 械 制 图 比 例 材 料 学 院 专 业 班 级
尺 寸 上 下 左 右 前 后 技 术 要 求 数 量
1 2 3 4 5 6 7 8 9 0
A B C D a b c d
1 2 3 4 5 6 7 8 9 0
A B C D a b c d

图 6-26　综合题（1）图　　　　　图 6-27　综合题（2）图

（3）输入图6-28所示字符。

⊿⊥□⌒○∥∕∠∕≡⌖∩Ⓛ Ⓜφ□Ⓡ◎ ⌖—⌴∨↧▷√‾

图 6-28　综合题（3）图

（4）在文字对象中插入一个字段。

（5）绘制一个包含完整标题栏的表格，如图6-29所示。

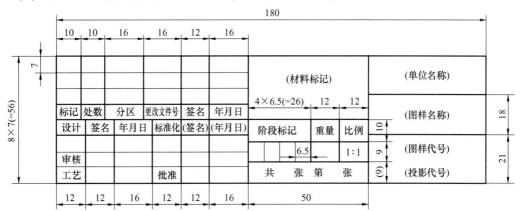

图 6-29　综合题（5）图

项目小结笔记

_____

_____

_____

_____

项目7

尺 寸 标 注

学习目标

通过对本项目的学习，掌握以下技能与方法：

☑ 能够通过快捷键打开标注样式管理器。

☑ 能够区分连续标注与线性标注。

☑ 能够对尺寸标注的尺寸文字位置、角度进行编辑。

任务内容

学习并探索中望 CAD 软件中的尺寸标注命令使用方法，依据图 7-1 所示命令自行完成图 7-33所示机械零件的尺寸标注。

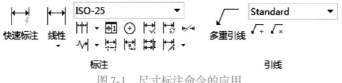

图 7-1　尺寸标注命令的应用

实施条件

1. 台式计算机或便捷式计算机。
2. 中望 CAD 正版软件。

任务实施

尺寸是工程图中不可缺少的部分，在工程图中用尺寸来确定物体形状的大小。本项目介绍标注样式的创建和标注尺寸的方法。

▶▶ 任务 7.1　尺寸标注的组成 ◀◀

QR 微课视频直通车 061：

本视频主要介绍尺寸标注的组成。

打开手机微信扫描右侧二维码来观看学习吧！

一个完整的尺寸标注由尺寸界线、尺寸线、尺寸文字、尺寸起止符号、中心标记等部分组成，如图 7-2 所示。

尺寸界线：从图形的轮廓线、轴线或对称中心线引出，有时也可以利用轮廓线代替，用以表示尺寸起始位置。一般情况下，尺寸界线应与尺寸线相互垂直。

尺寸线：用于标注指定方向和范围。对于线性标注，尺寸线显示为一直线段；对于角度标注，尺寸线显示为一段圆弧。

尺寸起止符号：尺寸起止符号位于尺寸线的两端，用于标注尺寸的起始、终止位置。"起止符号"是一个广义的概念，也可以用短划线、点或其他标记代替尺寸起止符号。

尺寸文字：显示测量值的字符串，包括前缀、后缀和公差等。

中心标记：指示圆或圆弧的中心。

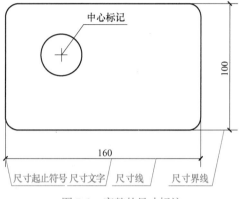

图 7-2　完整的尺寸标注

任务 7.2　设置尺寸标注样式

QR 微课视频直通车 062：
　　本视频主要介绍设置尺寸标注样式。
　　打开手机微信扫描右侧二维码来观看学习吧！

1. 运行方式

1）命令行：Ddim（D/DST）。

2）功能区："工具" → "样式管理器" → "标注样式"。

3）工具栏："标注" → "标注样式" 📐。

在进行尺寸标注前，应首先设置尺寸标注的格式，然后再用这种格式进行标注，这样才能获得令人满意的效果。

如果开始绘制新的图形时选择了未制单位，则系统默认的格式为 ISO-25（国际标准组织），可根据实际情况对尺寸标注的格式进行设置，以满足使用要求。

2. 操作步骤

命令行：Ddim。

执行 Ddim 命令后，将出现图 7-3 所示的"标注样式管理器"对话框。

在"标注样式管理器"对话框中，可以按照国家标准的规定以及具体使用要求，新建标注格式。同时，也可以对已有的标注格式进行局部修改，以满足当前的使用要求。

单击"新建"按钮，系统打开"创建新标注样式"对话框，如图 7-4 所示。在该对话框中可以创建新的尺寸标注样式。

然后单击"继续"按钮，系统打开"新建标注样式"对话框，如图 7-5 所示。

7.2.1 "直线和箭头"选项卡

"直线和箭头"选项卡用于设置和修改尺寸线和箭头的样式，如图 7-5 所示，将箭头改成建筑标记。

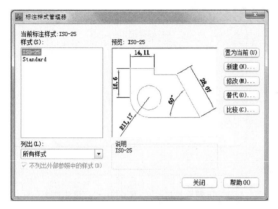

图 7-3 "标注样式管理器"对话框

图 7-4 "创建新标注样式"对话框

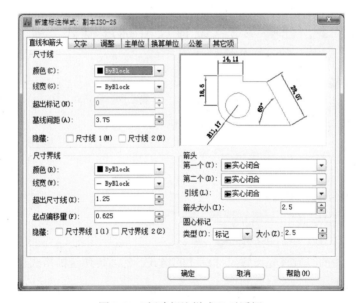

图 7-5 "新建标注样式"对话框

◆ 尺寸线

颜色：下拉列表框用于显示标注线的颜色。

线宽：设置尺寸线的线宽。

超出标记：在使用箭头倾斜、建筑标记、积分标记或无箭头标记作为标注的箭头进行标注时，控制尺寸线超过尺寸界线的长度。

基线间距：设置基线标注中尺寸线之间的间距。

隐藏：控制尺寸线的显示。

◆ 尺寸界线

颜色：设置尺寸界线的颜色。

线宽：设置尺寸界线的线宽。

超出尺寸线：设置尺寸界线超出尺寸线的长度。

起点偏移量：设置尺寸界线与标注对象之间的距离。

隐藏：控制尺寸界线的显示。

◆ 箭头

第一个：设置第一条尺寸线的箭头。当第一条尺寸线的箭头选定后，第二条尺寸线的箭头会自动跟随变为相同的箭头样式。

第二个：设置第二条尺寸线的箭头。也可在下拉列表中选择"学生箭头"，在打开的"选择自定义箭头块"对话框中选择图块为箭头类型。需要注意的是，该图块必须存在于当前图形文件中。

引线：设置引线的箭头类型。

箭头大小：定义箭头的大小。

◆ 圆心标记：为直径标注和半径标注设置圆心标记的特性。

类型：设置圆心标记的类型。

大小：控制圆心标记或中心线的大小。

屏幕预显区：从该区域可以直观地看到按上述设置进行标注的效果。

7.2.2 "文字"选项卡

"文字"选项卡用于设置尺寸文本的字型、位置和对齐方式等属性，如图7-6所示。

◆ 文字外观

文字样式：在此下拉列表中选择一种字体样式，供标注时使用。也可以单击右侧的 ... 按钮，系统打开"字体样式"对话框，在此对话框中对文字字体进行设置。

文字颜色：选择尺寸文本的颜色。在确定尺寸文本的颜色时，应注意尺寸线、尺寸界线和尺寸文本的颜色最好一致。

填充颜色：设定标注中文字背景的颜色。可通过下拉列表选择需要的

图7-6 "文字"选项卡

颜色,或在下拉列表中单击"选择颜色",在"选择颜色"对话框中选择适当的颜色。

文字高度:设置尺寸文本的高度。此高度值将优先于在字体类型中所设置的高度值。

分数高度比例:以标注文字为基准,设置相对于标注文字的分数比例。此选项一般情况下为灰色,即不可使用。只有在"主单位"选项卡选择"分数"作为"单位格式"时,此选项才可用。在此处输入的值乘以文字高度,可确定标注分数相对于标注文字的高度。

绘制文字边框:勾选此选项,将在标注文字的周围绘制一个边框。

◆ 文字位置

垂直:确定标注文字在尺寸线垂直方向的位置。

水平:设置尺寸文本沿水平方向放置。文字位置在垂直方向有四种选项,即置中、上方、外部和JIS;在水平方向共有五种选项,即置中、第一条尺寸界线、第二条尺寸界线、第一条尺寸界线上方和第二条尺寸界线上方。

从尺寸线偏移:设置标注文字与尺寸线最近端的距离。

◆ 文字对齐:设置文本对齐方式。

水平:设置标注文字沿水平方向放置。

与尺寸线对齐:尺寸文本与尺寸线对齐。

ISO 标准:尺寸文本按 ISO 标准。

7.2.3 "调整"选项卡

"调整"选项卡用于设置尺寸文本与尺寸箭头的有关格式,如图7-7所示。

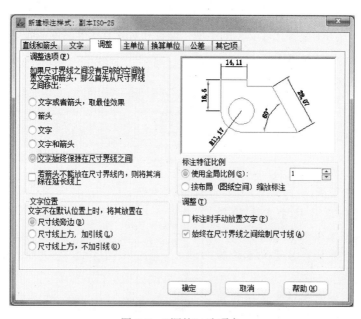

图 7-7 "调整"选项卡

◆调整选项

该区域用于调整尺寸界线、尺寸文本与尺寸箭头之间的相互位置关系。在标注尺寸时，如果没有足够的空间将尺寸文本与尺寸箭头全写在两尺寸界线之间，可选择以下的摆放形式来调整尺寸文本与尺寸箭头的摆放位置。

文字或者箭头，取最佳效果：选择一种最佳方式来安排尺寸文本和尺寸箭头的位置。

箭头：当两条尺寸界线间的距离不够同时容纳文字和箭头时，首先从尺寸界线间移出箭头。

文字：当两条尺寸界线间的距离不够同时容纳文字和箭头时，首先从尺寸界线间移出文字。

文字和箭头：当两条尺寸界线间的距离不够同时容纳文字和箭头时，将文字和箭头都放置在尺寸界线外。

标注时手动放置文字：在标注尺寸时，如果上述选项都无法满足使用要求，则可以选择此项，用手动方式调整尺寸文本的摆放位置。

◆文字位置

当标注文字不在默认位置时，设置文字的位置。

尺寸线旁边：将尺寸文本放在尺寸线旁边。

尺寸线上方，加引线：将尺寸文本放在尺寸线上方，并用引出线将文字与尺寸线相连。

尺寸线上方，不加引线：将尺寸文本放在尺寸线上方，不用引出线与尺寸线相连。

7.2.4 "主单位"选项卡

"主单位"选项卡用于设置线性标注和角度标注时的尺寸单位及尺寸精度，如图7-8所示。

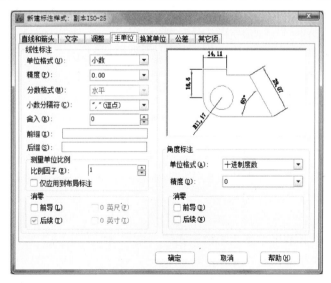

图7-8 "主单位"选项卡

◆ 线性标注

单位格式：为线性标注设置单位格式。单位格式包括科学、小数、工程、建筑、分数、Windows 桌面。

精度：设置尺寸标注的精度。

舍入：此选项用于设置所有标注类型的标注测量值的四舍五入规则（除角度标注外）。

测量单位比例：定义测量单位比例。

消零：设置标注主单位值的零压缩方式。

◆ 角度标注

单位格式：设置角度标注的单位格式，包括十进制度数、度/分/秒、百分度、弧度。

7.2.5 "换算单位"选项卡

"换算单位"选项卡用于设置换算单位的格式和精度。通过换算单位，可以在同一尺寸上表现用两种单位测量的结果，如图7-9所示，一般情况下很少采用此种标注。

显示换算单位：选择是否显示换算单位，选择此项后，将给标注文字添加换算测量单位。

换算单位设置：设置换算单位的样式。

单位格式：设置换算单位的格式，包括科学、小数、工程、建筑堆叠、分数堆叠等。

精度：设置换算单位的小数位数。

换算单位乘数：设置一个乘数，作为主单位和换算单位之间的换算因子。一般情况下，线性距离（用标注和坐标来测量）与当前线性比例值相乘可得到换算单位的值。此值对角度标注没有影响，而且对于舍入或者加减公差值也无影响。

图 7-9 "换算单位"选项卡

舍入精度：除了角度标注外，为所有标注类型设置换算单位的舍入规则。

前缀/后缀：输入尺寸文本前辍或后辍，可以输入文字或用控制代码显示特殊符号。

消零：设置换算单位值的零压缩方式。

位置：控制换算单位的放置位置。

7.2.6 "公差"选项卡

"公差"选项卡用于设置测量尺寸的公差样式，如图7-10所示。

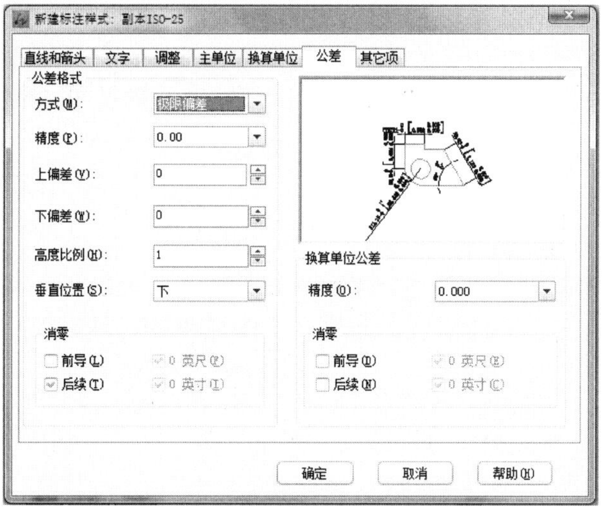

图 7-10 "公差"选项卡

> 方式：共有五种方式，分别是无、对称、极限偏差、极限尺寸和公称尺寸。
> 精度：根据具体工作环境要求，设置相应精度。
> 上偏差：设置上极限偏差。当选择"对称"方式时，系统会将该值用作公差。
> 下偏差：设置下极限偏差。
> 高度比例：设置公差文字的当前高度值。默认值为1，可调整。
> 垂直位置：为对称公差和极限公差设置标注文字的对齐方式，有下、中、上三个位置，可调整。

任务7.3 操作尺寸标注命令

7.3.1 线性标注

QR 微课视频直通车 063:
本视频主要介绍线性标注。
打开手机微信扫描右侧二维码来观看学习吧！

1. 运行方式

1）命令行：Dimlinear（DIMLIN）。

2）功能区："注释"→"标注"→"线性"。

3）工具栏："标注"→"线性" ┣┥。

线性标注指标注图形对象在水平方向、垂直方向或指定方向上的尺寸，它又分为水平标注、垂直标注和旋转标注三种类型。

在创建一个线性标注后，可以添加基线标注或者连续标注。基线标注是以同一尺寸界线进行多个标注。连续标注是首尾相连的多个标注。

2. 操作步骤

使用 Dimlinear 命令标注图 7-11 所示 AB、BC 和 CD 段的尺寸，操作步骤如下：

命令:Dimlinear	执行 Dimlinear 命令
指定第一条延伸线原点或〈选择对象〉:	选取 A 点
指定第二条延伸线原点:	选取 B 点
指定尺寸线位置或[多行文字(M)/文字(T)/角度(A)/水平(H)/垂直(V)/旋转(R)]:	
指定一点	确定标注线的位置
标注注释文字 = 90	提示标注文字是 90

执行 Dimlinear 命令后，命令行提示"指定第一条延伸线原点或〈选择对象〉:"，回车以后出现"指定第二条延伸线原点:"，完成命令后命令行出现"多行文字（M）/文字（T）/角度（A）/水平（H）/垂直（V）/旋转（R）:"

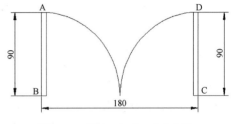

图 7-11　用 Dimlinear 命令标注

🔍 **以上各项提示的含义和功能说明如下：**

　　多行文字（M）：选择该项后，系统打开"文本格式"对话框，可在对话框中输入指定的标注文字。

　　文字（T）：选择该项后，可直接输入标注文字。

　　角度（A）：选择该项后，系统提示输入"指定标注文字的角度"，可输入标注文字的新角度。

　　水平（H）：创建水平方向的线性标注。

　　垂直（V）：创建垂直方向的线性标注。

　　旋转（R）：该项可标注旋转尺寸，在命令行输入所需的旋转角度。

注意

　　在使用选择对象的方式来标注时，必须采用点选的方法，如果同时打开目标捕捉方式，可以更准确、快速地标注尺寸。

　　在标注尺寸时，总结出鼠标三点法：单击起点，单击终点，然后单击尺寸位置，即标注完成。

7.3.2　对齐标注

1. 运行方式

1）命令行：Dimaligned（DAL）。

2）功能区："注释"→"标注"→"对齐"。

3）工具栏："标注"→"对齐标注"。

对齐标注用于创建平行于所选对象，或平行于两尺寸界线原点连线的直线型标注。

2. 操作步骤

使用 Dimaligned 命令标注图 7-12 所示 BC 段的尺寸，操作步骤如下：

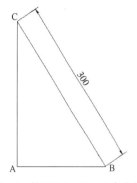

图 7-12　使用 Dimaligned 命令标注

命令:Dimaligned	执行 Dimaligned 命令
指定第一条延伸线原点或〈选择对象〉:	选择 B 点
指定第二条延伸线原点:	选择点 C
指定尺寸线位置或[多行文字(M)/文字(T)/角度(A)]:	
指定一点	确定标注线的位置
标注注释文字＝300	提示标注文字是 300

💡 **以上各项提示的含义和功能说明如下：**

多行文字（M）：选择该项后，系统打开"文本格式"对话框，可在对话框中输入指定的标注文字。

文字（T）：在命令行中直接输入标注的文字内容。

角度（A）：选择该项后，系统提示输入"指定标注文字的角度:"，可输入标注文字角度的新值来修改尺寸的角度。

注意

对齐标注命令一般用于倾斜对象的尺寸标注。标注时，系统能自动将尺寸线调整为与被标注线段平行，而无须用户自己设置。

7.3.3 基线标注

1. 运行方式

1）命令行：Dimbaseline（DIMBASE）。

2）功能区："注释"→"标注"→"基线"。

3）工具栏："标注"→"基线标注"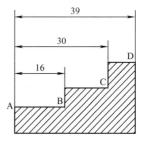

基线标注是以一个统一的基准线为标注起点，所有尺寸线都以该基准线为标注的起始位置，继续建立线性、角度或坐标的尺寸标注。

2. 操作步骤

使用 Dimbaseline 命令标注图 7-13 所示图形中 B 点、C 点、D 点距 A 点的长度尺寸。操作步骤如下：

图 7-13 用基线命令标注

命令：Dimlinear	执行 Dimlinear 命令
指定第一条延伸线原点或〈选择对象〉：	选取 A 点
指定第二条延伸线原点：	选取 B 点
指定尺寸线位置或[多行文字(M)/文字(T)/角度(A)/水平(H)/垂直(V)/旋转(R)]：	
在线段 AB 上方点取一点	确定标注线的位置
标注注释文字 =16	提示标注文字是 16
命令：Dimbaseline	执行 Dimbaseline 命令
指定第二条尺寸界线原点或 [放弃(U)/选择(S)]〈选择〉：	
	选取 C 点,选择尺寸界线定位点
标注注释文字 =30	提示标注文字是 30
指定第二条尺寸界线原点或 [放弃(U)/选择(S)]〈选择〉：	
	选取 D 点,选择尺寸界线定位点
标注注释文字 =39	提示标注文字是 39
指定第二条尺寸界线原点或 [放弃(U)/选择(S)]〈选择〉：	
	回车完成基线标注
选取基准标注：	再次回车结束命令

注意

1）在进行基线标注前，必须先创建或选择一个线性、角度或坐标标注作为基准标注。

2）在使用基线标注命令进行标注时，尺寸线之间的距离由所选择的标注格式确定，标注时不能更改。

7.3.4 连续标注

1. 运行方式

1) 命令行:Dimcontinue (DCO)。

2) 功能区:"注释"→"标注"→"连续"。

3) 工具栏:"标注"→"连续"。

连接上个标注,以继续建立线性、弧长、坐标或角度的标注。程序将基准标注的第二条尺寸界线作为下个标注的第一条尺寸界线。

2. 操作步骤

使用连续标注命令标注的操作方法与基线标注命令类似。标注图 7-14 所示图形中 A 点、B 点、C 点、D 点之间的长度尺寸,操作步骤如下:

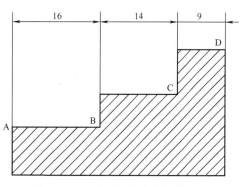

图 7-14 用连续标注命令标注

命令:Dimlinear	执行 Dimlinear 命令
指定第一条延伸线原点或〈选择对象〉:	选取 A 点
指定第二条延伸线原点:	选取 B 点
指定尺寸线位置或[多行文字(M)/文字(T)/角度(A)/水平(H)/垂直(V)/旋转(R)]:	
在线段 AB 上方点取一点	确定标注线的位置
标注注释文字 =16	提示标注文字是 16
命令:Dimcontinue	执行 Dimcontinue 命令
指定第二条尺寸界线原点或[放弃(U)/选择(S)]〈选择〉:	
	单击 C 点,选择尺寸界线定位点
标注注释文字 =14	提示标注文字是 14
指定第二条尺寸界线原点或[放弃(U)/选择(S)]〈选择〉:	
先点 D 点	选择尺寸界线定位点
标注注释文字 =9	提示标注文字是 9
指定第二条尺寸界线原点或[放弃(U)/选择(S)]〈选择〉:	
	回车,完成连续标注
选择连续标注:	再次回车结束命令

注意

在进行连续标注前,必须先创建或选择一个线性、角度或坐标标注作为基准标注。

7.3.5　直径标注

1. 运行方式

1）命令行：Dimdiameter（DIMDIA）。

2）功能区："注释"→"标注"→"直径"。

3）工具栏："标注"→"直径" 。

直径标注用于为圆或圆弧创建直径标注。

2. 操作步骤

使用 Dimdiameter 命令标注图 7-15 所示圆的直径，操作步骤如下：

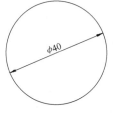

图 7-15　使用 Dimdiameter 命令
标注圆的直径

命令:Dimdiameter	执行 Dimdiameter 命令
选取弧或圆:	选择标注对象
标注注释文字 = 40	提示标注文字是 40
指定尺寸线位置或 [多行文字(M)/文字(T)/角度(A)]:	
在圆内点取一点	确认尺寸线位置

若有需要，可根据提示输入字母进行选项设置。各选项的含义与对齐标注的同类选项相同。

> **注意**
> 　在"任意拾取一点"选项中，可直接拖动鼠标确定尺寸线位置，屏幕将显示其变化。

7.3.6　半径标注

1. 运行方式

1）命令行：Dimradius（DIMRAD）。

2）功能区："注释"→"标注"→"半径"。

3）工具栏："标注"→"半径" 。

半径标注用于标注所选定的圆或圆弧的半径尺寸。

2. 操作步骤

使用 Dimradius 命令标注图 7-16 所示圆弧的半径，操作步骤如下：

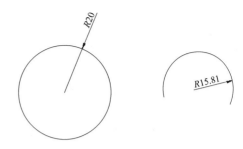

图 7-16 使用 Dimradius 命令标注圆弧的半径

命令:Dimradius	执行 Dimradius 命令
选取弧或圆:	选择标注对象
标注注释文字 =20	提示标注文字是 20
指定尺寸线位置或 [多行文字(M)/文字(T)/角度(A)]:	
在圆内点取一点	确认尺寸线位置

若有需要，可根据提示输入字母进行选项设置。各选项的含义与对齐标注的同类选项相同。

> **注意**
>
> 执行半径标注命令后，系统会在测量数值前自动添加半径符号"R"。

7.3.7 圆心标记

QR 微课视频直通车 069：

本视频主要介绍圆心标记。

打开手机微信扫描右侧二维码来观看学习吧！

1. 运行方式

1）命令行：Dimcenter（DCE）。

2）功能区："注释"→"标注"→"圆心标记"。

3）工具栏："标注"→"圆心标记" 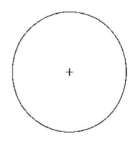。

圆心标记是绘制在圆心位置的特殊标记。

2. 操作步骤

执行 Dimcenter 命令后，使用对象选择方式选取所需标记的圆或圆弧，系统将自动标记该圆或圆弧的圆心位置。使用 Dimcenter 命令标记图 7-17 所示圆的圆心，操作步骤如下：

图 7-17 使用 Dimcenter 命令标记圆的圆心

命令:Dimcenter	执行 Dimcenter 命令
选取弧或圆:	
选择要标注的圆	系统将自动标记该圆的圆心位置

注意

也可以在"标注样式"对话框中,选择"直线和箭头"选项卡→"圆心标记"来改变圆心标记的大小(图7-5)。

7.3.8 角度标注

QR 微课视频直通车 070:

本视频主要介绍角度标注。

打开手机微信扫描右侧二维码来观看学习吧!

1. 运行方式

1)命令行:Dimangular(DAN)。

2)功能区:"注释"→"标注"→"角度"。

3)工具栏:"标注"→"角度标注"。

角度标注命令用于在圆、圆弧、任意两条不平行直线的夹角或两个对象之间创建角度标注。

2. 操作步骤

使用 Dimangular 命令标注图 7-18 所示图形中的角度。操作步骤如下:

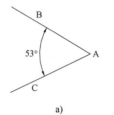
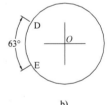

图 7-18 使用 Dimangular 命令标注角度

命令:Dimangular	执行 Dimangular 命令
选择圆弧、圆、直线或〈指定顶点〉:	拾取 AB 边
选择第二条直线:	拾取 AC 边,确认角度另一边
指定标注弧线位置或 [多行文字(M)/文字(T)/角度(A)]:	
拾取夹角内一点	确定尺寸线的位置
标注注释文字 =53	提示标注文字是 53
命令:Dimangular	执行 Dimangular 命令
选择圆弧、圆、直线或〈指定顶点〉:	拾取图 7-18b 中 D 点
指定角的第二个端点:	拾取圆上的 E 点
指定标注弧线位置或 [多行文字(M)/文字(T)/角度(A)]:	
拾取圆外一点	确定尺寸线的位置
标注注释文字 =63	提示标注文字是 63

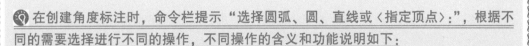

在创建角度标注时，命令栏提示"选择圆弧、圆、直线或〈指定顶点〉:"，根据不同的需要选择进行不同的操作，不同操作的含义和功能说明如下:

选择圆弧:选取圆弧后，系统会标注这个圆弧，并将其圆心作为顶点。圆弧的两个端点成为尺寸界限的起点，中望 CAD 将在尺寸界线之间绘制一段与所选圆弧平行的圆弧作为尺寸线。

选择圆:选择该圆后，系统把该拾取点当作角度标注的第一个端点，圆的圆心作为角度的顶点，此时系统提示"指定角的第二个端点:"，在圆上拾取一点即可。

选择直线:如果选取直线，命令栏将提示"选择第二条直线:"。选择第二条直线后，系统会自动测量两条直线的夹角。若两条直线不相交，系统会将其隐含的交点作为顶点。

完成对象选择操作后在命令行中会出现"指定标注弧线位置或〔多行文字（M）/文字（T）/角度（A）〕:"，若有需要，可根据提示输入字母，进行选项设置。各选项的含义与对齐标注的同类选项相同。

注意

如果选择圆弧，系统直接标注其角度;如果选择圆、直线起始端点，则系统会继续提示选择角度标注的终点。

7.3.9　引线标注

QR 微课视频直通车 071:
本视频主要介绍引线标注。
打开手机微信扫描右侧二维码来观看学习吧!

1. 运行方式
1）命令行:Leader（LEAD）。
2）工具栏:"标注"→"引线"。
Leader 命令用于创建注释和引线，表示文字和相关的对象。

图 7-19　使用引线命令标注

2. 操作步骤
使用 Leader 命令标注图 7-19 所示关于圆孔的说明文字。操作步骤如下:

命令:Leader	执行 Leader 命令
指定引线起点:	确定引线起始端点

指定下一点：确定下一点

指定下一点或［注释（A）/格式（F）/放弃（U）］〈注释〉：　　　　回车确认终点

指定下一点或［注释（A）/格式（F）/放弃（U）］〈注释〉：　　　　回车进入下一步

输入注释文字的第一行或者〈选项〉：　　　　回车弹出"文本格式"对话框

输入注释选项［公差（T）/副本（C）/块（B）/无（N）/多行文字（M）］〈多行文字〉：

　　　　　　　　　　　　　　　　　　　　输入文字，单击 OK 完成命令

💬 以上各项提示的含义和功能说明如下：

公差（T）：选此选项后，系统打开"几何公差"对话框，在此对话框中可以设置各种几何公差。

副本（C）：选此选项后，可选取文字、多行文字对象、带几何公差的特征控制框或块对象进行复制，并将副本插入引线的末端。

块（B）：选此选项后，系统提示"输入块名或［?］〈当前值〉："，输入块名后出现"指定块的插入点或［比例因子（S）/X/Y/Z/旋转角度（R）］："，提示中各选项的含义与插入块时的同类提示相同。

无（N）：选此选项表示不输入注释文字。

多行文字（M）：选此选项后，系统打开"文本格式"对话框，在此对话框中可以输入多行文字作为注释文字。

注意

在创建引线标注时，常遇到文本与引线的位置不合适的情况，通过夹点编辑的方式来调整引线与文本的位置。当移动引线上的夹点时，文本不会移动，而移动文本时，引线会随着移动。

7.3.10　快速引线标注

QR 微课视频直通车 072：

本视频主要介绍快速引线标注。

打开手机微信扫描右侧二维码来观看学习吧！

1. 运行方式

1）命令行：Qleader。

2）工具栏："标注" → "快速引线" ✐。

快速引线提供一系列更简便的创建引线标注的方法，注释的样式也更加丰富。

2. 操作步骤

快速引线的创建方法和引线标注基本相同，执行命令后系统提示 "［设置（S）

〈设置〉:",输入S进入"引线设置"对话框,可以对引线及箭头的外观特征进行设置,如图7-20所示。

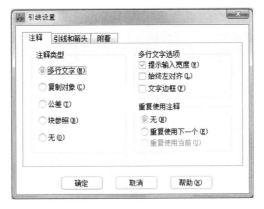

图7-20　"引线设置"对话框中的"注释"选项卡

3. "注释"选项卡

> 💡 **"注释类型"栏中各选项的含义如下:**
>
> 多行文字:默认用多行文本作为快速引线的注释。
>
> 复制对象:将某个对象复制到引线的末端。可选取文字、多行文字对象、带几何公差的特征控制框或块对象进行复制。
>
> 公差:弹出"几何公差"对话框,以创建一个公差作为注释。
>
> 块参照:选此选项后,可以把一些每次创建较困难的符号或特殊文字创建成块,方便直接引用,以提高效率。
>
> 无:创建一个没有注释的引线。

如果选择注释为"多行文字",则可以通过右边的相关选项来指定多行文本的样式。"多行文字选项"中的各项含义如下:

> 提示输入宽度:指定多行文本的宽度。
>
> 始终左对齐:总是保持文本左对齐。
>
> 文字边框:选择此项后,在文本四周加上边框。

"重复使用注释"栏中各选项的含义如下:

> 无:不重复使用注释内容。
>
> 重复使用下一个:将创建的文字注释复制到下一个引线标注中。
>
> 重复使用当前:将上一个创建的文字注释复制到当前引线标注中。

4. **"引线和箭头"选项卡**

快速引线允许自定义引线和箭头的类型，如图 7-21 所示。

在"引线"区域，允许用直线或样条曲线作为引线类型。而"点数"决定了快速引线命令提示拾取下一个引线点的次数，最大值不能小于 2。也可以设置为"无限制"，这时可以根据需要来拾取引线段数，通过回车来结束引线。

在"箭头"区域，系统提供了多种箭头类型，如图 7-21 所示，选用"用户箭头"后，可以使用用户已定义的块作为箭头类型。

在"角度约束"区域，可以控制第一段和第二段引线的角度，使其符合标准或用户意愿。

5. **"附着"选项卡**

"附着"选项卡指定了快速引线的多行文本注释的放置位置。"文字在左边"和"文字在右边"可以区分指定位置，默认情况下分别是"最后一行中间"和"第一行中间"，如图 7-22所示。

 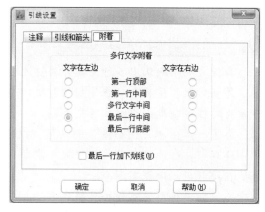

图 7-21　引线设置中"引线和箭头"　　图 7-22　"引线设置"对话框中的"附着"选项卡
选项卡及部分箭头样式

7.3.11　快速标注

QR 微课视频直通车 073：

本视频主要介绍快速标注。

打开手机微信扫描右侧二维码来观看学习吧！

1. **运行方式**

1）命令行：Qdim。

2）功能区："注释"→"标注"→"快速标注"。

3）工具栏："标注"→"快速标注" 。

快速标注能一次标注多个对象，可以对直线、多段线、正多边形、圆环、点、圆和圆弧（圆和圆弧只有圆心有效）同时进行标注，可以标注基准型、连续型、坐标型的尺寸等。

2. 操作步骤

命令:Qdim	执行 Qdim 命令
关联标注优先级＝端点	
选择要标注的几何图形:	拾取要标注的几何对象
找到 1 个	提示选择对象的数量
选择要标注的几何图形:	回车确定
指定尺寸线位置或［连续(C)/并列(S)/基线(B)/坐标(O)/半径(R)/直径(D)/基准点(P)/编辑(E)/设置(T)]:<当前值>	
指定一点	确定标注位置

> 💡 **以上各项提示的含义和功能说明如下:**
>
> 连续（C）:选此选项后,可进行一系列连续尺寸的标注。
> 并列（S）:选此选项后,可进行一系列并列尺寸的标注。
> 基线（B）:选此选项后,可进行一系列基线尺寸的标注。
> 坐标（O）:选此选项后,可进行一系列坐标尺寸的标注。
> 半径（R）:选此选项后,可进行一系列半径尺寸的标注。
> 直径（D）:选此选项后,可进行一系列直径尺寸的标注。
> 基准点（P）:为基线类型的标注定义一个新的基准点。
> 编辑（E）:用来对系列标注尺寸进行编辑。
> 设置（T）:为指定尺寸界线原点设置默认对象捕捉。

执行快速标注命令并选择几何对象后,命令行提示"［连续（C）/并列（S）/基线（B）/坐标（O）/半径（R）/直径（D）/基准点（P）/编辑（E）/设置（T）]〈连续〉:",如果输入 E 选择"编辑"项,命令栏会提示:"指定要删除的标注点,或［添加（A）/退出（X）]〈退出〉:",可以删除不需要的有效点或通过"添加（A）"选项添加有效点。

图 7-23 所示为系统显示快速标注的有效点,图 7-24 所示为删除中间有效点后的标注。

图 7-23　快速标注的有效点　　　　　图 7-24　删除中间有效点后的标注

7.3.12　公差标注

1. 运行方式

1）命令行:Tolerance（TOL）。

2）功能区:"注释"→"标注"→"公差"。

3）工具栏:"标注"→"公差" ⊞。

Tolerance 命令用于创建几何公差。每个特征控制框包括至少两个部分:第一个部分显示公差项目的符号,如位置、方向等类型(表7-1);第二部分包括公差值。当合适时,也可放置其他附加符号(表7-2)。应用于材料条件在尺寸上的变化特征。

表7-1 几何公差符号

符号	特征	类型	符号	特征	类型
⊕	位置度	定位公差	▱	平面度	形状公差
◎	同轴度	定位公差	○	圆度	形状公差
═	对称度	定位公差	—	直线度	形状公差
∥	平行度	定向公差	⌒	面轮廓度	形状公差/定向公差
⊥	垂直度	定向公差	⌒	线轮廓度	形状公差/定向公差
∠	倾斜度	定向公差	↗	圆跳动	跳动公差
⋈	圆柱度	形状公差	↗↗	全跳动	跳动公差

表7-2 附加符号

符号	定 义
Ⓜ	在最大材料条件(MMC)中,一个特性包含在规定限度里最大的材料值
Ⓛ	在最小材料条件(LMC)中,一个特性包含在规定限度里最小的材料值
Ⓢ	特性大小无关(RFS),表明在规定限度里特性可以变为任何大小

2. 操作步骤

使用Tolerance命令生成几何公差代号 ⊕ φ1.5Ⓜ A 。操作步骤如下:

1)执行Tolerance命令后,系统弹出图7-25所示的"几何公差"对话框,单击"符号"框,显示"符号"对话框,如图7-26所示,然后选择"位置度"公差符号。

2)在"几何公差"对话框的"公差1"下,选择"直径"插入一个直径符号,如图7-27所示。

3)在"直径"下,输入第一个公差值"1.5",如图7-28所示。选择右边方框"材料",出现图7-29所示对话框,选择最大包容条件符号。

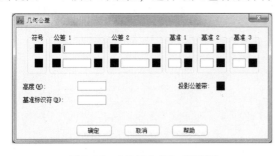

图7-25 "几何公差"对话框

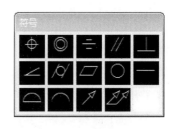

图7-26 选择"位置度"公差符号

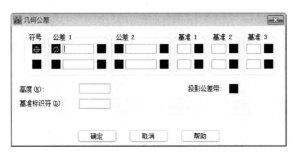

图 7-27　插入一个直径符号

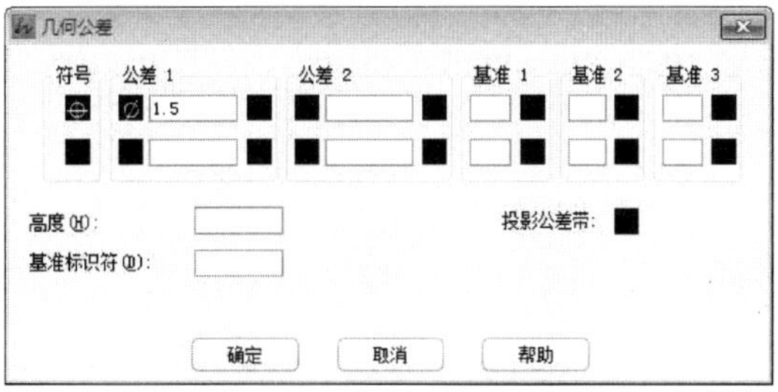

图 7-28　输入第一个公差值

4）在"基准"框中输入"A"，如图 7-30 所示，单击"确定"按钮，指定特征控制框的位置，如图 7-31 所示。

图 7-29　选择最大包容条件符号

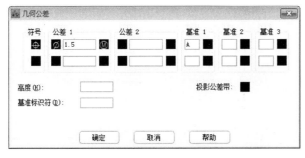

图 7-30　"基准"中输入 A

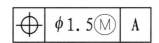

图 7-31　标注的几何公差代号

注意

公差框格分为两格和多格，第一格为几何公差项目的符号，第二格为几何公差值和有关符号，第三格和以后各格为基准代号和包容条件符号。

 随堂练习

1. 填空题

（1）通常一个完整的尺寸标注由尺寸线、_____、尺寸箭头和_____等部分组成。

（2）几何公差包括_____公差和_____公差。

2. 画图题

（1）绘制图 7-32 所示的图形，并完成尺寸标注。

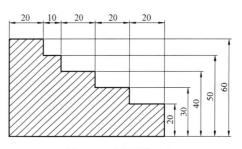

图 7-32　画图题（1）

（2）绘制图 7-33 所示的机械零件，注意相切，使用各种尺寸标注工具完成全部标注。

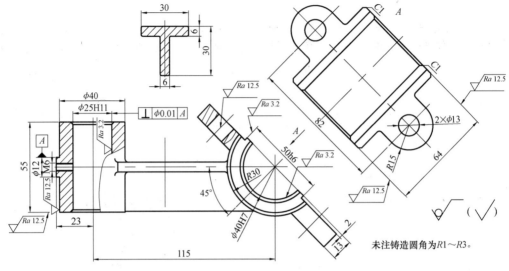

图 7-33　画图题（2）

（3）根据图 7-34 所示图形轴测图尺寸，绘制三视图与轴测图，并完成尺寸标注。

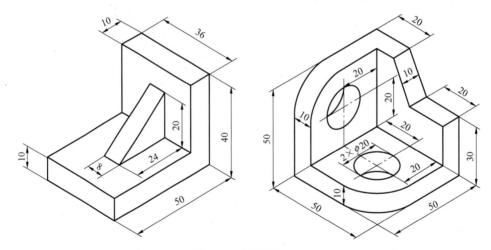

图 7-34　画图题（3）

项目小结笔记

_____

_____

_____

_____

_____

_____

项目8

图块、属性及外部参照设置

学习目标

通过对本项目的学习，掌握以下技能与方法：

☑ 能够创建并保存图块。

☑ 能够对图块进行内部定义。

☑ 能够制作、插入属性快。

任务内容

学习并探索中望 CAD 软件中的图块命令使用方法，并对图 8-1b 所示的几何公差符号、表面粗糙度符号进行图块的创建、制作及插入，自行完成图 8-12 所示缸体零件图的绘制。

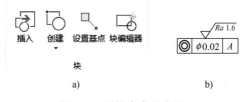

图 8-1　图块命令的应用

实施条件

1. 台式计算机或便携式计算机。

2. 中望 CAD 正版软件。

➤➤ 任务 8.1　图块的制作与使用 ◄

图块是中望 CAD 的一项重要功能。图块是将多个实体组合成一个整体，并给这个整体命名保存，在以后的图形编辑中，这个整体就被视为一个实体。一个图块包括可见的实体，如线、圆弧、圆以及可见或不可见的属性数据。图块作为图形的一部分被储存。例如，一张桌子由桌面、桌腿、抽屉等组成，如果每次画相同或相似的桌子时都要画桌面、桌腿、抽屉等部分，那么，这项工作不仅烦琐，而且重复。如果将桌面、桌腿、抽屉等部件组合起来，定义成名为"桌子"的一个图块，那么在以后的绘图中，只需将这个图块以不同的比例插入图形中即可。图块能帮助用户更好地组织工作,快速创建与修改图形,减少图形文件的大小。使用图块,可以创建一个自己经常使用的符号库,然后以图块的形式插入一个符号,而不是重新开始画该符号。

创建并保存图块后,即可根据制图需要在不同地方插入一个或多个图块。而系统插入的仅仅是一个图块定义的多个引用,这样会大大减小绘图文件大小。同时,只要修改图块的定义,图形中所有的图块引用体都会自动更新。

如果图块中的实体是画在0层,且"颜色与线型"两个属性定义为"随层",插入后它会被赋予插入层的颜色与线型属性。相反,如果图块中的实体在定义前面画在了非0层,且"颜色与线型"两个属性不是"随层",插入后则会保留原先的颜色与线型属性。

当新定义的图块中包括其他图块时,称为嵌套。当把小的元素链接到更大的集合,且在图形中插入该集合时,嵌套是很有用的。

8.1.1 创建块

QR 微课视频直通车 074:
本视频主要介绍中望 CAD 的创建块命令。
打开手机微信扫描右侧二维码来观看学习吧!

中望 CAD 中的图块分为内部块和外部块两类,下面讲解运用 Block 和 Wblock 命令定义内部块和外部块的操作。

1. 运行方式

1)命令行:Block(B)。

2)功能区:"插入"→"块"→"创建"。

3)工具栏:"绘图"→"创建块" 。

在中望 CAD 的"绘图"工具栏中选取"创建块"命令 ,系统弹出图8-2所示的对话框。

使用 Block 命令定义的图块只能在定义图块的图形中调用,而不能在其他图形中调用,因此用 Block 命令定义的图块称为内部块。

2. 操作步骤

使用 Block 命令将图 8-3 所示的零件定义为内部块。其操作步骤如下:

图 8-2 "块定义"对话框

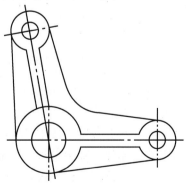

图 8-3 零件的图形

命令:Block　　　　　　执行 Block 命令

在块定义对话框中

输入块的名称:零件　　输入新块名称,如图8-4
　　　　　　　　　　　所示

指定基点:点床的左下角　先单击"拾取点"按钮

选取写块对象:点床的右下角　指定窗口右下角点

另一角点:点床的左上角　指定窗口左上角点

选择集中的对象:16　　提示已选中对象数

选取写块对象:　　　　回车完成定义内部块操作

图8-4　定义床为内部块

🔧 执行 Block 命令后,打开"块定义"对话框用于图块的定义,如图8-2所示。该对话框中各选项的功能如下:

名称:此文本框用于输入图块名称,下拉列表中还列出了图形中已经定义过的图块名。

预览:用户在选取组成块的对象后,将在"名称"文本框后显示所选择组成块的对象的预览图形。

基点:该区域用于指定图块的插入基点。可以通过单击"拾取点"按钮或输入坐标值来确定图块插入基点。

拾取点:单击该按钮,"块定义"对话框暂时消失,此时需要使用鼠标在图形屏幕上拾取所需点作为图块插入基点。拾取基点结束后,返回"块定义"对话框,X、Y、Z文本框中将显示该基点的X、Y、Z坐标值。

X、Y、Z:在该区域的X、Y、Z文本框中分别输入所需基点的相应坐标值,以确定图块插入基点的位置。

对象:该区域用于确定图块的组成实体。其中各选项的功能如下:

选择对象:单击该按钮,"块定义"对话框暂时消失,此时需要在图形屏幕上用任意目标选取方式选取块的组成实体,实体选取结束后,系统自动返回对话框。

快速选择对象:开启"快速选择"对话框,通过过滤条件构造对象,将最终的结果作为所选择的对象。

保留:选择此单选项后,所选取的实体生成块后仍保持原状,即在图形中以原来的独立实体形式保留下来。

转换为块:选择此单选项后,所选取的实体生成块后在原图形中也转变成块,即在原图形中所选实体将具有整体性,不能用普通命令对其组成目标进行编辑。

删除:选择此单选项后,所选取的实体生成块后将在图形中消失。

注意

1) 为了使图块在插入当前图形中时能够准确定位,需要给图块指定一个插入基点，作为参考点将图块插入图形中的指定位置。同时，如果图块在插入时需要旋转，则将该基点作为旋转轴心。

2）当用 Erase 命令删除了图形中插入的图块后，其块定义依然存在，因为它储存在图形文件内部，即使图形中没有调用它，它依然占用磁盘空间，并且随时可以在图形中被调用。可用 Purge 命令中的"块"选项清除图形文件中无用、多余的块定义，以减小文件的字节数。

3）中望 CAD 允许图块的多级嵌套。嵌套块不能与其内部嵌套的图块同名。

8.1.2 写块

QR 微课视频直通车 075：
本视频主要介绍中望 CAD 的写块（保存块到磁盘）命令。
打开手机微信扫描右侧二维码来观看学习吧！

1. 运行方式

1）命令行：Wblock。

2）功能区："插入"→"创建"→"写块"。

Wblock 命令可以看成是"Write 加 Block"，也就是写块。Wblock 命令可将图形文件中的整个图形、内部块或某些实体写入一个新的图形文件，其他图形文件均可以将它作为块调用。Wblock 命令定义的图块是一个独立存在的图形文件，相对于 Block、Bmake 命令定义的内部块，它被称作外部块。

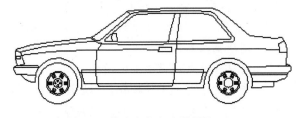

2. 操作步骤

用 Wblock 命令将图 8-5 所示的汽车定义为外部块（写块）。其操作步骤如下：

图 8-5 将汽车定义为外部块

命令：Wblock	执行 Wblock 命令,弹出"写块"对话框
选取源栏中的整个图形选框	将写入外部块的源指定为整个图形
单击选择对象图标,选取汽车图形	指定对象
在目标对话框中输入"car side"	确定外部块名称
单击"确定"按钮：	完成定义外部块操作

执行 **Wblock** 命令后，系统弹出图 8-6 所示的 **"写块"** 对话框。其主要内容如下：

◆源

"源"区域用于定义写入外部块的源实体。它包括如下内容：

块：该单选项用于指定将内部块写入外部块文件，可在其后的文本框中输入块名，或在下拉列表中选择需要写入文件的内部图块的名称。

整个图形：该单选项用于指定将整个图形写入外部块文件。该方式生成的外部块的插入基点为坐标原点 (0, 0, 0)。

对象：该单选项用于指定将选取的实体写入外部块文件。

基点：用于指定图块插入基点，该区域只在源实体为对象时有效。

对象：用于指定组成外部块的实体，以及生成块后源实体是保留、消除或转换成图块。该区域只在源实体为对象时有效。

◆ 目标

"目标"区域用于指定外部块的文件名、储存位置以及采用的单位制式。它包括如下内容：

图 8-6 "写块"对话框

文件名和路径：用于输入新建外部块的文件名及外部块文件在磁盘上的储存位置和路径。单击输入框后的 ▼ 按钮，弹出下拉列表，其中列出几个路径供选择。还可单击右边的 按钮，弹出"浏览文件夹"对话框，以提供更多的路径供选择。

注意

1）用 Wblock 命令定义的外部块其实就是一个 DWG 图形文件。当 Wblock 命令将图形文件中的整个图形定义成外部块写入一个新文件时，将自动删除文件中未用的层定义、块定义、线型定义等，相当于用 Purge 命令的 All 选项清理文件后，再将其复制为一个新文件，与源文件相比，大大减少了文件的字节数。

2）所有的 DWG 图形文件均可视为外部块插入其他的图形文件中。不同的是，用 Wblock 命令定义的外部块文件的插入基点是由用户自己设定的；而用 New 命令创建的图形文件，在插入其他图形中时，将以坐标原点 (0, 0, 0) 作为其插入基点。

8.1.3 插入图块

本节主要介绍如何在图形中调用已定义好的图块，以提高绘图效率。调用图块的命令包括 Insert（单图块插入）、Divide（等分插入图块）、Measure（等距插入图块）。Divide 和 Measure 命令请参见 2.5 节。本节主要讲解 Insert（单图块插入）命令的使用方法。

1. 运行方式

1）命令行：Insert。

2）功能区："插入"→"块"→"插入"。

3）工具栏："绘图"→"插入块" 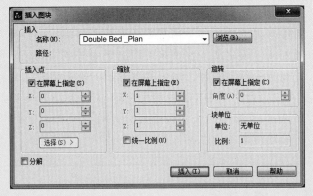。

在当前图形中插入图块或其他的图形，插入的图块是作为单个实体。插入一个图形是被作为一个图块插入当前图形中。如果改变源图形，将对当前图形无影响。

当插入图块或图形时，必须定义插入点、比例、旋转角度。插入点是定义图块时的引用点。当把图形当作图块插入时，程序会把定义的插入点作为图块的插入点。

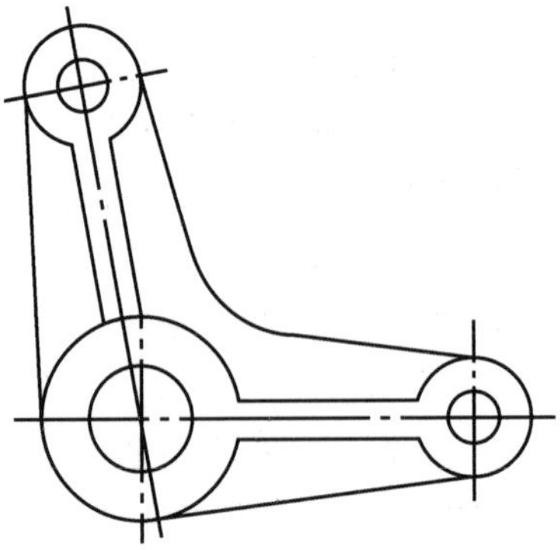

图8-7 插入一个零件

2. 操作步骤

使用 Insert 命令在图 8-7 所示的图形中插入一个零件。其操作步骤如下：

命令：Insert	执行 Insert 命令，弹出"插入"图框
在插入栏中选择"Double Bed Plan"块	插入"Double Bed Plan"块
在三栏中均选择"在屏幕上指定"	确定定位图块方式
单击对话框的"确定"按钮	提示指定插入点
指定块的插入点或[比例因子(S)/X/Y/Z/旋转角度(R)]：	在房间中间拾取一点,指定图块插入点
选择比例的另一角或输入 X 比例因子或[角点(C)/XYZ]〈1〉：	回车选默认值,确定插入比例
Y 比例因子〈等于 X 比例〉：	回车选默认值,确定插入比例
块的旋转角度〈0〉：90	设置插入图块的旋转角度,结果如图 8-7 所示

💡 **执行 Insert 命令后，系统弹出图 8-8 所示对话框，其主要内容如下：**

名称：在该下拉列表中选择要插入的内部块名。如果没有内部块，则是空白的。

浏览：用来选取要插入的外部块。单击"浏览"按钮，系统显示图 8-9 所示的"插入图块"对话框，选择要插入的外部图块文件路径及名称，单击"打开"按钮，回到图 8-8 所示对话框，单击"确定"按钮，此时命令行提示"指定插入点"，输入插入比例、块的旋转角度。完成命令后，图形即被插入指定插入点处。

图8-8 "插入图块"对话框

插入点（X、Y、Z）：此三项输入框用于输入坐标值，以确定在图形中的插入点。选中"在屏幕上指定"后，此三项呈灰色，为不可用。

图8-9　"插入块"对话框

比例（X，Y，Z）：此三项输入框用于预先输入图块在X轴、Y轴、Z轴方向上缩放的比例因子。这三个比例因子可相同，也可不同。当选中"在屏幕上指定"后，此三项呈灰色，为不可用。默认值为1。

在屏幕上指定：勾选此复选框，将在插入时对图块定位，即在命令行中定位图块的插入点，X、Y、Z的比例因子和旋转角度；不勾选此复选框，则需输入插入点的坐标、比例因子和旋转角度。

角度（A）：图块在插入图形中时可任意改变其角度，在此输入框指定图块的旋转角度。当勾选"在屏幕上指定"后，此项呈灰色，不可用。

分解：该复选框用于指定是否在插入图块时将其炸开，使其恢复到元素的原始状态。当炸开图块时，仅仅是被炸开的图块引用体受影响。图块的原始定义仍保存在图形中，仍能在图形中插入图块的其他副本。如果炸开的图块包括属性，属性会丢失，但原始定义的图块的属性仍保留。炸开图块可使图块元素返回它们的下一级状态，图块中的图块或多段线又变为图块或多段线。

统一比例：该复选框用于统一三根轴向上的缩放比例。选用此项，Y、Z框呈灰色，在X框输入的比例因子会在Y、Z框中同时显示。

注意

1）外部块插入当前图形后，其块的定义也同时储存在图形内部，生成同名的内部块，以后可在该图形中随时调用，而无须重新指定外部块文件的路径。

2）外部块文件插入当前图形后，其内包含的所有块定义（外部嵌套块）也同时带入当前图形中，并生成同名的内部块，以后可在该图形中随时调用。

3）如果选择了插入时炸开图块，插入后图块将自动分解成单个实体，其特性如层、颜色、线型等也将恢复为生成块之前实体具有的特性。

4）如果插入的是内部块，直接输入块名即可；如果插入的是外部块，则需要给出块文件的路径。

任务8.2　属性的使用

一个零件、符号除自身的几何形状外，还包含很多参数和文字信息（如规格、型号、技术说明等），中望 CAD 将图块所含的附加信息称为属性，如规格属性、型号属性。具体的信息内容则称为属性值。可以使用属性来追踪零件号码与价格。属性可为固定值或变量值。插入包含属性的图块时，会新增固定值与图块到界面中，并提示要提供变量值；可提取属性信息到独立文件，并将该信息用于空白表格程序或数据库，以产生零件清单或材料价目表；还可使用属性信息来追踪特定图块插入图形的次数。属性可为可见或隐藏，隐藏属性既不显示，也不输出图，但该信息储存于图形中，并在被提取时写入文件。属性是图块的附属物，它必须依赖于图块而存在，没有图块就没有属性。

8.2.1　制作属性块

1. 运行方式

1）命令行：Block（B）。

2）功能区："插入"→"块"→"创建"。

3）工具栏："绘图"→"创建块" 。

制作图块就是将图形中的一个或几个实体组合成一个整体，并命名保存，以后将其作为一个实体在图形中随时调用和编辑。同样，制作属性块是将定义好的属性连同相关图形一起，用 Block/Bmake 命令定义成块（生成带属性的块），在以后的绘图过程中可随时调用它，其调用方式与一般的图块相同。

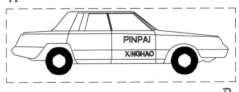

图 8-10　已定义好品牌和型号两个属性的汽车

2. 操作步骤

用 Block 命令将图 8-10 所示已定义好品牌和型号两个属性（其中型号为不可见属性）的汽车制作成一个属性块，块名为 QC，其操作步骤如下：

命令：Block	执行 Block 定义带属性汽车图块
在"块定义"对话框中输入块的名称：QC	为属性块取名
新块插入点：在绘图区内拾取新块插入点	将块插入基点指定为汽车左下角
选取写块对象：指定包含两个属性在内的汽车左上角 A	
另一角点：指定汽车实体的另一角点 B	选取组成属性块的实体
选择集中的对象：93	
选取写块对象：	提示已选中对象，回车结束

8.2.2 插入属性块

QR 微课视频直通车 077:
本视频主要介绍中望 CAD 的插入属性块命令。
打开手机微信扫描右侧二维码来观看学习吧！

1. 运行方式

1）命令行：Insert。

2）功能区："插入"→"块"→"插入"。

3）工具栏："插入"→"插入块" 。

插入属性块和插入图块的操作方法是一样的，插入的属性块是单个实体。插入属性块，必须定义插入点、比例、旋转角度。插入点是定义图块时的引用点。当把图形当作属性块插入时，软件把定义的插入点作为属性块的插入点。属性块的调用命令与普通块是一样的，只是调用属性块时提示要多一些。

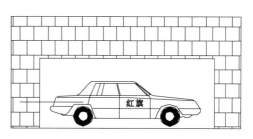

图 8-11 将属性块插入车库中

2. 操作步骤

把上节制作的 QC 属性块插入图 8-11 所示的车库中。其操作步骤如下：

命令:Insert	执行 Insert 命令
在弹出的"插入图块"对话框中	
选择插入 QC 图块并单击"插入"按钮	输入或选择插入块的块名
指定块的插入点或[比例因子(S)/X/Y/Z/旋转角度(R)]:	在绘图区拾取插入基点
选择比例的另一角或输入 X 比例因子或[角点(C)/XYZ]<1>:	
	回车选默认值,确定插入比例
Y 比例因子<等于 X 比例>:	回车选默认值,确定插入比例
块的旋转角度:0	设置插入图块的旋转角度
请输入汽车品牌<值>:红 旗	输入品牌属性值
请输入汽车型号<值>:BM598	输入型号属性值
检查属性值	
请输入汽车品牌<红 旗>:	检查输入的属性值
请输入汽车型号<BM598>:	输入正确,回车结束命令

 随堂练习

1. 填空题

(1) 在中望 CAD 中，可用_____和_____命令以对话框的形式来定义块。

(2) 利用图块插入功能绘制多个图块的图形，然后再将其定义为一个图块，这样该图块就成为一个_____图块。

2. 选择题

（1）要使插入的图块具有当前图层的特性，如当前图层的颜色和线型，需要在_____层上生成该图块。

A. 非 0　　　　　　　　　B. 0　　　　　　　　　C. 当前

（2）中望 CAD 允许将已经定义的图块插入当前的图形文件中。在插入图块（或文件）时，必须确定四组特征参数，即要插入的图块名、插入点位置、插入比例系数和_____。

A. 插入图块的旋转角度　　B. 插入图块的坐标　　C. 插入图块的大小

3. 画图题

画出图 8-12 所示的缸体，并对几何公差符号、表面粗糙度符号进行块添加。

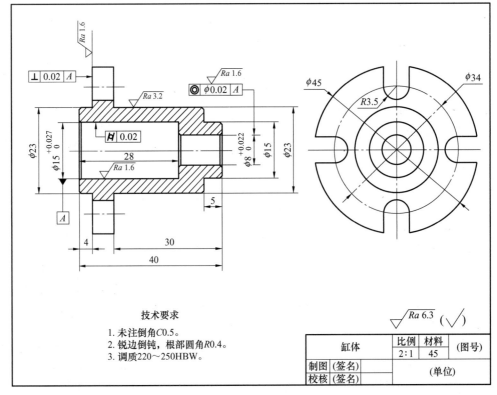

图 8-12　画图题图

项目小结笔记

项目9

打印和发布图样

学习目标

通过对本项目的学习，掌握以下技能与方法：

☑ 能够修改打印机，设置"绘图仪配置编辑器"。

☑ 能够在打印区域栏设定图形输出时的打印区域。

☑ 能够在 CAD 图样的交互过程中，将 DWG 图样转换为 PDF 文件格式。

任务内容

学习并探索中望 CAD 软件中的打印和发布图样命令使用方法，依据图 9-1a 所示命令自行完成图 9-1b 所示图样的 PDF 文件格式输出打印。

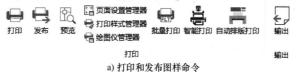

a) 打印和发布图样命令

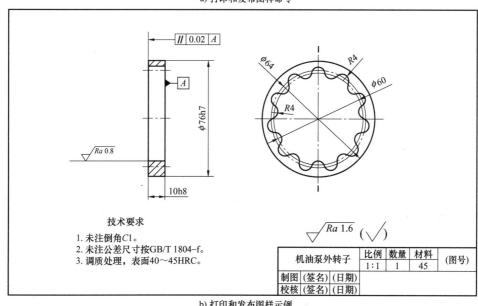

b) 打印和发布图样示例

图 9-1　打印和发布图样命令的应用

实施条件

1. 台式计算机或便携式计算机。
2. 中望 CAD 正版软件。

▶▶ 任务 9.1   设置图形输出 ◀◀

输出功能是将图形转换为其他类型的图形文件，如 BMP、WMF 等，以达到和其他软件兼容的目的。

运行方式

1）命令行：Export（EXP）。

2）功能区："输出"→"输出"→"输出" 。

打开"输出数据"对话框，如图 9-2 所示。通过该对话框将当前图形文件输出为所选取的文件类型。

由"输出数据"对话框中的"文件类型"可以看出，中望 CAD 的输出文件有四种类型，都是图样输出中常用的文件类型，能够保证与其他软件的交流。使用输出功能的时候，会提示选择输出的图形对象，在选择所需要的图形对象后就可以输出了。输出后的图样与输出时中望 CAD 中绘图区域里显示的图形效果是相同的。需要注意的是在输出过程中，有些图形类

图 9-2 "输出数据"对话框

型发生的改变比较大，中望 CAD 不能够把类型改变较大的图形重新转化为可编辑的 CAD 图形格式。如果将 BMP 格式文件读入后，仅作为光栅图像使用，则不可以进行图形修改操作。

▶▶ 任务 9.2   打印和打印参数设置 ◀◀

9.2.1 打印界面

在完成某个图形的绘制后，为了便于观察和实际施工制作，可将其打印输出到图样上。在打印之前，首先要设置一些参数，如选择打印设备、设定打印样式、指定打印区域等，这些都可以通过打印命令调出的对话框来实现。

QR 微课视频直通车 078：
本视频主要介绍中望 CAD 的打印界面设置。
打开手机微信扫描右侧二维码来观看学习吧！

运行方式

1）命令行：Plot。

2）功能区："输出" → "打印" → "打印"。

3）工具栏："标准" → "打印" 🖨。

如图9-3所示，设定相关参数，打印当前图形文件。

图9-3 "打印"对话框

9.2.2 打印机设置

在"打印机/绘图仪"区域，可以选择输出图样所要使用的打印设备、纸张大小、设置打印份数等，如图9-4所示。

如果需要修改当前打印机配置，可单击名称后的"特性"按钮，打开"绘图仪配置编辑器"对话框，如图9-5所示。在该对话框中可设定打印机的输出设置，如"介质""图形""自定义图纸尺寸"等。

图9-4 打印机/绘图仪设置

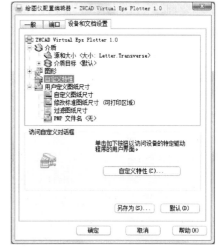

图9-5 "绘图仪配置编辑器"对话框

💡 **该对话框中包含三个选项卡，其含义分别如下：**

一般：在该选项卡中查看或修改打印设备信息，包含了当前配置的驱动器信息。

端口：在该选项卡中显示适用于当前配置的打印设备的端口。

设备和文档设置：在该选项卡中设定打印介质、图形设置等参数。

9.2.3 打印样式表

打印样式用于修改图形打印的外观。图形中每个对象或图层都具有打印样式属性,通过修改打印样式可改变对象输出的颜色、线型、线宽等特性。如图 9-6 所示,在"打印样式表"对话框中,可以指定图形输出时所采用的打印样式,在下拉列表中有多个打印样式供选择,也可单击"编辑"按钮对已有的打印样式进行改动,如图 9-7 所示,或在下拉样式中单击"新建"按钮设置新的打印样式。

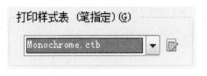

图 9-6 打印样式表设置

在中望 CAD 中,打印样式分为以下两种:

(1) 颜色相关打印样式 这种打印样式表的扩展名为"ctb",可以对图形中的每种颜色指定打印的样式,从而在打印的图形中实现不同的特性。颜色现定于 255 种索引色,真彩色和配色系统在此处不可使用。使用颜色相关打印样式表不能将打印样式指定给单独的对象或者图层。使用该打印样式的时候,需要先为对象或图层指定具体的颜色,然后在打印样式表中将指定的颜色设置为打印样式的颜色。指定了颜色相关打印样式表之后,可以将样式表中的设置应用到图形中的对象或图层。如果给某个对象指定了打印样式,则这种样式将取代对象所在图层所指定的打印样式。

图 9-7 打印样式表编辑器

(2) 命名相关打印样式 根据在打印样式定义中指定的特性设置来打印图形,命名打印样式指定给对象,与对象的颜色无关。命名打印样式的扩展命为"stb"。

9.2.4 打印区域

🔵 如图9-8所示，"打印区域"栏可设定图形输出时的打印区域，该栏中各选项的含义如下：

　　窗口：临时关闭"打印"对话框，在当前窗口选择矩形区域，然后返回对话框，打印选取的矩形区域内的内容。这是选择打印区域时最常用的方法之一，由于选择区域后一般情况下希望布满整张图纸，所以打印比例会选择"布满图纸"选项，以达到最佳效果。但这样打印出来的图样比例很难确定，常用于比例要求不高的情况。

　　范围：打印当前视口中除了冻结图层中的对象之外的所有对象。在"布局"选项卡打印图纸空间中的所有几何图形。打印之前系统会重新生成图形，以便重新计算图形范围。

　　图形界限：在打印"模型"选项卡中的图形文件时，打印图形界限所定义的绘图区域。

　　显示：打印当前视图中的内容。

图9-8　打印区域设置

9.2.5 设置打印比例

　　在"打印比例"栏中可设定图形输出时的打印比例，如图9-9所示。在"比例"下拉列表中可选择出图的比例，如1:1，同时可以用"自定义"选项，在下面的框中输入比例换算方式来达到控制比例的目的。"布满图纸"选项是根据打印图形范围的大小，自动布满整张图纸。"缩放线宽"选项用于在布局中打印的情况，勾选该项后，图纸所设定的线宽会按照打印比例进行放大或缩小；如果未勾选，则不管打印比例是多少，打印出来的线宽就是设置的线宽尺寸。

图9-9　设置打印比例

9.2.6 打印方向

　　在"图形方向"栏中可指定图形输出的方向，如图9-10所示。因为需要根据实际的绘图情况来选择图样是纵向还是横向，所以在打印图样的时候一定要注意设置图形方向，否则可能会出现部分超出纸张的图形无法打印出来的情况。

图9-10　图形打印方向设置

🔵 该栏中各选项的含义如下：

　　纵向：以图纸的短边作为图形页面的顶部定位并打印该图形文件。

　　横向：以图纸的长边作为图形页面的顶部定位并打印该图形文件。

　　反向打印：控制是否上下颠倒地定位图形方向并打印图形。

149

▶▲ 任务9.3 设置其他格式打印 ▲◀

除了使用传统的绘图仪（或打印机）设备打印以外，随着软件的发展，打印的形式也变得更多样化。很多时候不一定要用纸张的方式来打印，接下来将介绍使用其他格式打印的方法。

QR 微课视频直通车 081：
本视频主要介绍在中望 CAD 中设置其他格式打印。
打开手机微信扫描右侧二维码来观看学习吧！

9.3.1 打印 PDF 文件

在 CAD 图样的交互过程中，有时需要将 DWG 格式图样转换为 PDF 文件。中望 CAD 中已自带 PDF 打印驱动程序，不必下载驱动就能够实现 DWG 格式图样与 PDF 格式文件的转换。

打开一张 CAD 图样，选择已配置的 PDF 打印驱动程序，将图样打印成 PDF 格式文件，具体操作步骤如下：

1）在中望 CAD 界面功能区，单击"输出"→"打印"，打开"打印"对话框。

2）在"打印机/绘图仪"选项组的"名称"栏下拉菜单中选择"DWG To PDF.pc5"配置选项，如图 9-11 所示。

3）单击"确定"按钮，弹出"浏览打印文件"对话框。在该对话框中指定 PDF 文件的文件名和保存路径，单击"保存"按钮，即可将图样打印为 PDF 文件格式。

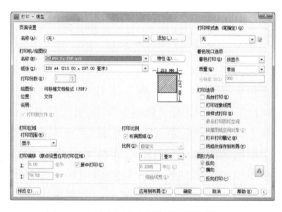

图 9-11 选择 PDF 打印驱动程序

注意

1）如果打印的图样包含多个图层，将其输出为 PDF 文件格式的同时，PDF 打印功能支持将图层信息保留到打印的 PDF 文件中。打开生成的 PDF 文件，即可以在 PDF 文件中通过打开或关闭源 DWG 文件的图层来进行浏览，如图 9-12 所示。这样就可以根据看图时的需要隐藏一些不需要的图层，以方便图样的查看。

2）通过中望 CAD 自带 PDF 打印驱动程序输出的 PDF 文件，需要使用 Adobe Reader R7 或更高版本来查看，如果操作系统是 Microsoft Windows 7，则需要安装 Adobe Reader 9.3 或以上版本。

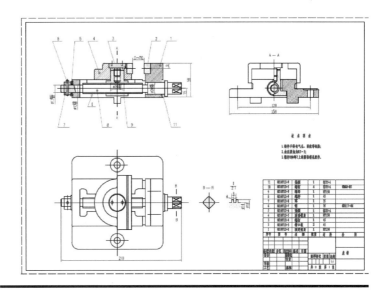

图9-12 PDF 文件中的图层信息

9.3.2 打印 DWF 文件

DWF 文件是一种不可编辑的安全的文件，其优点是文件更小，便于传递，可以使用这种格式的文件在互联网上发布图形。在中望 CAD 版本中已自带 DWF 打印驱动程序，可直接使用自带驱动程序来打印 DWF 格式的文件。

打印 DWF 文件的操作步骤如下：

1）在中望 CAD 界面功能区，选择"输出"→"打印"，打开"打印"对话框。

2）在"打印机/绘图仪"选项组的"名称"下拉菜单中选择"DWF6 ePlot. pc5"配置选项，如图9-13所示。

3）单击"确定"按钮，弹出"浏览打印文件"对话框。在该对话框中指定 DWF 文件的文件名和保存路径，单击"保存"按钮，将图样打印为 DWF 文件格式。

图9-13 选择 DWF 打印驱动程序

▶▶▲ 任务9.4 布局空间设置 ◀◀

中望 CAD 的绘图空间分为模型空间和布局空间两种，前面介绍的打印方式是在模型空间中的打印设置，而在模型空间中进行打印只有在打印预览的时候才能看到打印的实际状态,而且模型空间对于打印比例的控制不是很方便。从布局空间打印可以更直观地看到最后的打印状态,图纸布局和比例控制更加方便。

QR 微课视频直通车 082:

本视频主要介绍中望 CAD 的布局空间设置。

打开手机微信扫描右侧二维码来观看学习吧!

9.4.1 布局空间

模型空间是完成绘图和设计工作的工作空间。使用在模型空间中建立的模型可以完成二维或三维物体的造型,并且可以根据需求用多个二维或三维视图来表示物体,同时配有必要的尺寸标注和注释等来完成所需要的全部绘图工作。在模型空间中,可以创建多个不重叠的(平铺)视口以便于展示。

图纸空间是在切换到布局选项卡时使用的,在布局空间中创建的每个视图或者布局视口都是在模型空间中绘制图形的其中一个窗口,可以创建单个视口,也可以创建多个视口。可将布局视图放置在屏幕上的任意位置,视口边框可以是可接触的,也可以是不可接触的,多个视口中的图形可以同时打印。布局空间并不是打印图样时必需的设置,但是它为设计图形的打印提供了很多便捷之处。

运行方式

1)命令栏:Layout。

2)工具栏:"布局" → "新建布局" ⊞。

图 9-14 所示是一个图纸空间的运用效果。与模型空间最大的区别是,图纸空间的背景是所要打印的白纸的范围,与最终的实际纸张的大小相同,图纸安排在这张纸的可打印范围内,这样在打印时无须再进行打印参数的设置就可以直接出图。

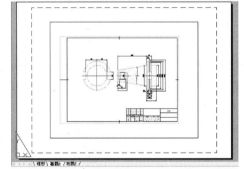

图 9-14 图纸空间示例

9.4.2 从样板中创建布局

在"布局"选项卡的右键菜单中选择"来自样板",将直接从 DWG 或 DWT 格式文件中输入布局。可利用现有样板中的信息创建新的布局。

系统提供了样例布局样板,以供设计新布局环境时使用。现有样板的图纸空间对象和页面设置将用于新布局中,这样将在图纸空间中显示布局对象(包括视口对象)。可以保留从样板中输入的现有对象,也可以删除对象。在这个过程中不能输入任何模型空间对象。

系统提供的布局样板文件的扩展名为".dwt",来自任何图形或图形样板的布局样板或布局都可以输入当前图形中。

1)单击"布局"工具栏中的"来自样板的布局"按钮。🖼

2)在"从文件中选择模板"对话框中,选择需要的样板文件,然后单击"打开"按钮,如图 9-15 所示。

3）在"插入布局"对话框中，选择要插入的布局，如图 9-16 所示，然后单击"确定"按钮。可以按住〈Ctrl〉键选择多个布局。

图 9-15 选择模板

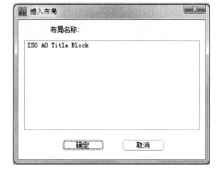

图 9-16 插入布局

 随堂练习

1. 填空题

（1）在中望 CAD 中，打印样式分为颜色相关打印样式和_____两类。

（2）在中望 CAD 模型空间中，打印区域分为窗口、_____、_____和_____四种方式。

2. 选择题

（1）如果从模型空间打印一张图纸，打印比例为 10∶1，要在图样上得到 3mm 高的字，应在图形中设置的字高为（　　　）。

A. 3mm　　　　　　B. 0.3mm　　　　　　C. 30mm　　　　　　D. 10mm

（2）中望 CAD 中的绘图空间可分为（　　　）。

A. 模型空间　　　　B. 图纸空间　　　　C. 发布空间　　　　D. 打印空间

（3）当布局中包括多个视口时，每个视口的比例（　　　）。

A. 可以相同　　　　B. 可以不同　　　　C. 必须相同　　　　D. 无法确定

3. 综合题

绘制图 9-1 所示工程图并将其 DWG 格式文件打印为 PDF 格式文件。

项目小结笔记

_____

_____

_____

_____

附录 A 中望 CAD 实用教程任务学习单与

任务学习单与评价单（活页卡片）使用万法说明

根据学生学习的认知特点与学习习惯，以及知识学习过程中"读、听、看、说、做"所取得的知识构建效果，将本课程的授课阶段与比例分成如下几个阶段，以便于教师教学参考。

图 A-1　知识迁移构建效果展示

对于第一个阶段的教师，建议根据课程标准，采用"直接讲授并实际操作"的教学手段。首先要求学生利用动画微课做好课前的预习，通过自主学习提前了解课程的知识点，为课堂教师直接示范讲解的教学内容做好最近发展区的知识准备，便于学生有效地跟进学习内容；再次上课时，利用任务学习单辅助教师在学生实际操作的过程中，进一步促进"做学结合"。在实施的过程中，建议该方法的应用不少于总授课内容的 30%。

对于第二个阶段的教师，建议适当采用"行动导向"教学手段，要求教师对学生和知识的驾驭能力更强，且在教学内容完成授课比例的 50% 以后进行。教师上课时为学生发放任务学习单，并按照下图顺序参与到每组学生的探究学习过程中，有目的地组织学生在真实或接近真实的工作任务中，参与资讯、决策、计划、实施、检查和评估的职业活动过程，通过发现、分析和解决实际工作中出现的问题，总结和反思学习过程，最终使学生获得相关职业活动所需的知识和能力，最后教师加以评价总结。在实施的过程中，建议该方法的应用不超过总授课内容的 50%。

目的：完成一个项目（任务）

① 资讯：学生独立收集为制订项目计划和实施所需要的信息

② 计划：学生独立制订项目计划

⑥ 评估：学生和教师共同对整个操作过程和结果进行评估

⑤ 检查：学生独立检验已完成的项目

③ 决策：学生和教师共同确定计划的可行性

④ 实施：学生按计划独立进行项目操作

图 A-2　典型六步职业教育法

对于第三个阶段的教师，建议适当采用"反转课堂"教学手段，以达到增强学生学习新鲜感的教学目的。本阶段要求学生自主学习能力相对高一些，求知欲望强一些。教师在下课前布置好下节课要完成的任务，学生根据任务学习单，利用网络先自主解决任务所提出的关键性问题。在下节课的活动过程中，学生先自我思考，再小组交流，然后针对学到或理解的知识内容与全班同学进行分享，以达到使学生个人完成对知识的构建、小组成员完成对知识本身的共同构建的目的，从而通过分享表述实现知识的内化。在实施的过程中，建议该方法的应用不超过总授课内容的20%。

思考	交流	介绍分享
较高的主动性 "我必须思考。" "我只有思考了才有和别人交流的内容。"	较高的团队合作意识 "我只有和成员进行积极有效的交流，才能使小组成果最优化。"	较高的责任感 "我有可能会代表小组进行成果展示与演讲，我必须积极参与小组讨论。"
构建	共同构建	内化

图 A-3　反转课堂教学法

中望 CAD 实用教程　项目 1　任务学习单

项目名称	项目编号	小组号	组长姓名	学生姓名
中望 CAD 软件应用基础与环境设置				

<table>
<tr><td rowspan="10">学生自主
任务实施</td><td>一、中望 CAD 软件都可以应用到哪些专业领域？其主要功能有哪些？中望 CAD 软件和硬件必须达到哪些配置要求？中望 CAD 简体中文版 Ribbon 界面与简体中文版经典界面有什么区别？
（提示：采用网络查询法、小组讨论法或资料查询法）</td></tr>
<tr><td></td></tr>
<tr><td>二、中望 CAD 工作界面的功能可以分为哪些部分？功能区选项面板包括哪些功能按键？命令提示区的作用是什么？
（提示：采用上机实操法、资料查询法、小组讨论法、小组间竞争抢答法）</td></tr>
<tr><td></td></tr>
<tr><td>三、在中望 CAD 软件中，命令的执行方式有哪些？取消已执行的命令的作用是什么？什么是透明命令？
（提示：采用网络查询法、资料查询法、小组讨论法）</td></tr>
<tr><td></td></tr>
<tr><td>四、在中望 CAD 软件中，怎样打开一张图样？怎样使用默认的绘图环境开始绘制新图？DWG 格式样板图是一种什么格式？绘图环境主要包括哪些内容？怎样进行高级设置？怎样创建一个新图形？打开图形文件的快捷方式是什么？"保存"和"另存为"命令存储图形文件的区别是什么？
（提示：采用网络查询法、资料查询法、上机实操法、小组讨论法、小组间竞争抢答法）</td></tr>
<tr><td></td></tr>
<tr><td>五、用什么命令可以设置绘图区域的大小？绘图前为什么要设置长度单位和角度单位的制式、精度？为什么要调整自动保存时间？其作用是什么？在定制中望 CAD 操作环境时，怎样定制工具栏？怎样定制常用键盘快捷键？笛卡儿坐标 CCS、世界坐标系 WCS 和用户坐标系 UCS 的区别是什么？怎样设置中望 CAD 坐标系统？坐标的输入方法有哪些？
（提示：采用上机实操法、联想回忆法、小组讨论法、小组间竞争抢答法）</td></tr>
<tr><td></td></tr>
</table>

（续）

学生自主任务实施	六、重画与重新生成图形的功能相同吗？图形缩放的快捷方式有哪几种？什么是实时缩放？平铺视口可以将屏幕分割为几个矩形视口？怎样进行平铺视口命令操作？ （提示：采用回忆法、资料查询法、上机实操法、小组讨论法、小组间竞争抢答法）
完成任务总结 （做一个会上机实操、有想法、会思考、有创新精神的学生）	一、存在的其他问题与解决方案 （提示：教师公布个人手机号，采用手机拨号抢答的方法。例如，谁的手机号码先显示，就由他先与其他同学分享自己的见解，鼓励加分双倍） 二、收获与体会 三、其他建议

中望 CAD 实用教程　项目1　任务评价单

班级		学号		姓名		日期		成绩	
小组成员 （姓名）									

职业能力评价	分值	自评（10%）	组长评价（20%）	教师综合评价（70%）
完成任务思路	5			
信息收集	5			
团队合作	10			
练习态度	10			
考勤	10			
讲演与答辩	35			
按时完成任务	15			
善于总结学习	10			
合计评分	100			

中望 CAD 实用教程　项目 2　任务学习单

项目名称	项目编号	小组号	组长姓名	学生姓名
图形绘制				

<table>
<tr><td rowspan="6">学生自主
任务实施</td><td>

一、直线命令的快捷方式是什么？怎样用直线命令绘制一个菱形？绘制圆的正确操作步骤是什么？

（提示：采用网络查询法、小组讨论法或资料查询法）

</td></tr>
<tr><td>

二、怎样使用对象捕捉模式绘制一个圆？三点画圆与两点画圆的前提条件是什么？中望 CAD 软件中创建圆弧的方法有哪几种？常用的是哪三种？需要通过几点绘制椭圆？怎样通过直线、圆、椭圆和圆弧命令绘制脸盆？

（提示：采用上机实操法、资料查询法、小组讨论法、小组间竞争抢答法）

</td></tr>
<tr><td>

三、绘制点的快捷键是什么？徒手画线命令一般在什么情况下使用？绘制圆环与绘制圆的区别是什么？绘制矩形的快捷键是什么？怎样设置矩形线型？

（提示：采用上机实操法、资料查询法、小组讨论法）

</td></tr>
<tr><td>

四、怎样绘制正多边形（半径为 50mm 的正六边形）？多段线由什么连接组成？绘制多段线的快捷键是什么？

（提示：采用上机实操法、资料查询法、小组讨论法、演示法）

</td></tr>
<tr><td>

五、怎样使用迹线命令绘制具有一定宽度的实体线？什么是射线？怎样使用射线命令平分等边三角形的角？

（提示：采用资料查询法、上机实操法、小组讨论法、小组间竞争抢答法）

</td></tr>
<tr><td>

六、什么是构造线？绘制构造线的快捷方式是什么？

（提示：采用小组讨论法、小组间竞争抢答法）

</td></tr>
</table>

（续）

学生自主 任务实施	七、怎样用样条曲线命令绘制盘形凸轮轮廓曲线？云线是由什么组成的多段线？ （提示：采用对比法、上机实操法、小组讨论法、小组间竞争抢答法）
完成任务总结 （做一个会上机实 操、有想法、会思考、 有创新精神的学生）	一、存在的其他问题与解决方案 （提示：教师公布个人手机号，采用手机拨号抢答的方法。例如，谁的手机号码先显示，就由他先与 其他同学分享自己的见解，鼓励加分双倍） 二、收获与体会 三、其他建议

中望 CAD 实用教程　项目2　任务评价单

班级		学号		姓名		日期		成绩	
小组成员 （姓名）									
职业能力评价	分值	自评(10%)		组长评价(20%)			教师综合评价(70%)		
完成任务思路	5								
信息收集	5								
团队合作	10								
练习态度	10								
考勤	10								
讲演与答辩	35								
按时完成任务	15								
善于总结学习	10								
合计评分	100								

中望 CAD 实用教程　项目3　任务学习单

项目名称	项目编号	小组号	组长姓名	学生姓名
编辑对象				

学生自主 任务实施	一、在中望 CAD 软件中,有多少种选择对象的方法？怎样选择全部对象？什么是夹点编辑？怎样进行夹点编辑操作？怎样对夹点进行拉伸、平移、旋转、镜像？怎样删除图形？移动图形的快捷方式是什么？怎样对图形进行90°旋转？快速复制图形的快捷键是什么？镜像图形时是否需要制作辅助线？什么是阵列？怎样进行环形阵列？ （提示:采用网络查询法、思维发散法、联想回忆法、上机实操法、小组讨论法、小组间竞争抢答法）
	二、偏移命令的作用是什么？怎样进行偏移操作？缩放的快捷方式是什么？打断命令怎样操作？合并是否可以形成一个完整的对象？什么是倒角？怎样进行倒角操作？圆角与倒角有什么区别？修剪命令的快捷方式是什么？怎样使用"属性"窗口？怎样清除当前图形文件中未使用的已命名项目？核查命令的作用是什么？ （提示:采用联想法、对比法、上机实操法、小组讨论法、小组间竞争抢答法）

（续）

完成任务总结 （做一个会上机实 操、有想法、会思考、 有创新精神的学生）	一、存在的其他问题与解决方案 （提示：教师准备两副数量、花色均相同的扑克牌,采用随机扑克牌法挑选学生。例如,由手中持有 红桃6的学生与其他同学分享其独特见解） 二、收获与体会 三、其他建议

中望 CAD 实用教程 项目3 任务评价单

班级		学号		姓名		日期		成绩	
小组成员 （姓名）									

职业能力评价	分值	自评(10%)	组长评价(20%)	教师综合评价(70%)
完成任务思路	5			
信息收集	5			
团队合作	10			
练习态度	10			
考勤	10			
讲演与答辩	35			
按时完成任务	15			
善于总结学习	10			
合计评分	100			

中望 CAD 实用教程　项目 4　任务学习单

项目名称	项目编号	小组号	组长姓名	学生姓名
辅助绘图工具与图层设置				

学生自主任务实施	一、什么是栅格？怎样按需要打开或关闭栅格？中望 CAD 软件怎样通过执行 GRID 命令来设定栅格间距？怎样通过 SNAP 命令利用栅格捕捉光标？ （提示：采用网络查询法、小组讨论法或资料查询法） 二、什么是正交？哪个键是正交开启和关闭的切换键？中望 CAD 软件"对象捕捉"工具栏中包含哪些目标捕捉工具？在绘图过程中，使用对象捕捉功能的频率非常高，怎样设置自动对象捕捉模式？对象捕捉的快捷方式是什么？ （提示：采用上机实操法、资料查询法、小组讨论法、小组间竞争抢答法） 三、怎样快速设置靶框？怎样设置极轴追踪？ （提示：采用上机实操法、资料查询法、小组讨论法） 四、图形中的每个对象都具有其线型特性，用什么命令可对对象的线型特性进行设置和管理？ （提示：采用上机实操法、资料查询法、小组讨论法、演示法） 五、什么是图层？每个图层均具有线型、颜色和状态等属性，怎样设置图层中的这些信息？怎样使用图层状态管理器？ （提示：采用资料查询法、上机实操对比法、小组讨论法、小组间竞争抢答法）

（续）

学生自主任务实施	六、怎样使用查询命令？怎样设置设计中心？怎样设置工具选项板？ （提示：采用联想法、对比法、上机实操法、小组讨论法、小组间竞争抢答法）
完成任务总结 （做一个会上机实操、有想法、会思考、有创新精神的学生）	一、存在的其他问题与解决方案 （提示：教师公布个人手机号，采用手机拨号抢答的方法。例如，谁的手机号码先显示，就由他先与其他同学分享自己的见解，鼓励加分双倍） 二、收获与体会 三、其他建议

中望 CAD 实用教程　项目 4　任务评价单

班级		学号		姓名		日期		成绩	
小组成员 （姓名）									
职业能力评价	分值	自评(10%)		组长评价(20%)		教师综合评价(70%)			
完成任务思路	5								
信息收集	5								
团队合作	10								
练习态度	10								
考勤	10								
讲演与答辩	35								
按时完成任务	15								
善于总结学习	10								
合计评分	100								

中望 CAD 实用教程　项目 5　任务学习单

项目名称	项目编号	小组号	组长姓名	学生姓名
图案填充				

<table>
<tr><td rowspan="4">学生自主
任务实施</td><td>一、怎样创建图案填充？快捷键是什么？怎样设置图案填充？怎样进行渐变色填充？
（提示：采用网络查询法、资料查询法、上机实操法、小组讨论法、小组间竞争抢答法）</td></tr>
<tr><td></td></tr>
<tr><td>二、图形调整的快捷方式是什么？怎样对图形进行剪裁？怎样对绘图顺序进行设置？
（提示：采用资料查询法、上机实操法、小组讨论法、小组间竞争抢答法）</td></tr>
<tr><td></td></tr>
</table>

（续）

完成任务总结 （做一个会上机实 操、有想法、会思考、 有创新精神的学生）	一、存在的其他问题与解决方案 （提示：教师掷骰子随机挑选小组,选中小组后再随机抽签挑选学生,带动学生人人参与） 二、收获与体会 三、其他建议

中望 CAD 实用教程 项目 5 任务评价单

班级		学号		姓名		日期		成绩	
小组成员 （姓名）									

职业能力评价	分值	自评（10%）	组长评价（20%）	教师综合评价（70%）
完成任务思路	5			
信息收集	5			
团队合作	10			
练习态度	10			
考勤	10			
讲演与答辩	35			
按时完成任务	15			
善于总结学习	10			
合计评分	100			

中望 CAD 实用教程　项目6　任务学习单

项目名称	项目编号	小组号	组长姓名	学生姓名
创建文字和表格				

<table>
<tr><td rowspan="4">学生自主
任务实施</td><td colspan="4">一、设置文字样式的快捷命令是什么？怎样使用单行文本？多行文本与单行文本的操作方式有什么不同？特殊字符输入的代码都有哪些？编辑文本的快捷方式有哪些？
（提示：采用网络查询法、对比法、小组讨论法或资料查询法）

</td></tr>
<tr><td colspan="4">二、怎样使用 Ddedit 命令修改或标注文本内容？如何设置文本快速显示？怎样调整文本？怎样在文本后面放置一个遮罩，该遮罩将遮挡其后面的实体，而位于遮罩前的文本将保留显示？怎样在不改变文字位置的情况下对齐文字？怎样在每一个选定的文本对象或者多行文本对象的周围画圆、矩形或圆槽作为文本外框？
（提示：采用上机实操法、对比法、资料查询法、小组讨论法、小组间竞争抢答法）

</td></tr>
<tr><td colspan="4">三、怎样使用自动编号命令？怎样设置弧形文字功能？怎样创建表格样式？创建表格的快捷方式是什么？什么命令可以用于编辑表格单元中的文字？在 Ribbon 界面中，表格工具怎样使用？
（提示：采用上机实操法、实地调研法、资料查询法、小组讨论法）

</td></tr>
<tr><td colspan="4">四、怎样才能插入字段？更新字段的快捷方式是什么？字段作为文字对象的一部分不能直接被编辑，必须先选择该文字对象并运行什么命令才能进行编辑？
（提示：采用上机实操法、对比法、资料查询法、小组讨论法、演示法）

</td></tr>
</table>

（续）

完成任务总结 （做一个会上机实操、有想法、会思考、有创新精神的学生）	一、存在的其他问题与解决方案 （提示：教师公布个人手机号，采用手机拨号抢答的方法。例如，谁的手机号码先显示，就由他先与其他同学分享自己的见解，鼓励加分双倍） 二、收获与体会 三、其他建议

中望 CAD 实用教程　项目6　任务评价单

班级		学号		姓名		日期		成绩	
小组成员 （姓名）									

职业能力评价	分值	自评(10%)	组长评价(20%)	教师综合评价(70%)
完成任务思路	5			
信息收集	5			
团队合作	10			
练习态度	10			
考勤	10			
讲演与答辩	35			
按时完成任务	15			
善于总结学习	10			
合计评分	100			

中望 CAD 实用教程　项目 7　任务学习单

项目名称	项目编号	小组号	组长姓名	学生姓名
尺寸标注				

学生自主
任务实施

一、一个完整的尺寸标注由哪几部分组成？打开标注样式管理器的快捷方式是什么？"新建标注样式"选项卡中都有哪些设置选项？使用尺寸标注命令中怎样操作线性标注？连续标注与线性标注的异同点是什么？什么是引线标注？怎样进行公差标注？

（提示：采用网络查询法、思维发散法、联想回忆法、上机实操法、小组讨论法、小组间竞争抢答法）

二、什么命令可用于对尺寸标注中尺寸文字的位置、角度等进行编辑？怎样重新定位标注文字位置？如果对尺寸标注进行多次修改，要想恢复原来真实的标注应怎么操作？

（提示：资料查询法、联想法、上机实操法、比较法、小组讨论法）

（续）

完成任务总结 （做一个会上机实操、有想法、会思考、有创新精神的学生）	一、存在其他问题与解决方案 （提示：教师准备两副数量、花色均相同的扑克牌，采用随机扑克牌法挑选学生。例如，由手中持有红桃6的学生与其他同学分享其独特见解） 二、收获与体会 三、其他建议

中望 CAD 实用教程　项目 7　任务评价单

班级		学号		姓名		日期		成绩	
小组成员 （姓名）									
职业能力评价	分值	自评（10%）		组长评价（20%）		教师综合评价（70%）			
完成任务思路	5								
信息收集	5								
团队合作	10								
练习态度	10								
考勤	10								
讲演与答辩	35								
按时完成任务	15								
善于总结学习	10								
合计评分	100								

中望 CAD 实用教程　项目 8　任务学习单

项目名称	项目编号	小组号	组长姓名	学生姓名
图块、属性及外部参照设置				

学生自主 任务实施	一、什么是图块？一个图块包括哪些内容？怎样创建并保存图块？怎样对图块进行内部定义？为了使图块在插入当前图形中时能够准确定位,需要怎么办？嵌套块能不能与其内部嵌套的图块同名？怎样插入块？ （提示:采用网络查询法、思维发散法、联想回忆法、上机实操法、小组讨论法、小组间竞争抢答法）
	二、什么命令可以用于定义属性？怎样制作、插入属性块？怎样编辑图块属性？怎样分解属性为文字？Burst 和 Explode 命令的功能相似,两者的作用有什么不同？怎样设置外部参照？ （提示:采用资料查询法、联想法、上机实操法、比较法、小组讨论法）

（续）

完成任务总结 （做一个会上机实操、有想法、会思考、有创新精神的学生）	一、存在的其他问题与解决方案 （提示：教师准备两副数量、花色均相同的扑克牌，采用随机扑克牌法挑选学生。例如，由手中持有红桃6的学生与其他同学分享其独特见解） 二、收获与体会 三、其他建议

中望 CAD 实用教程 项目8 任务评价单

班级		学号		姓名		日期		成绩	
小组成员 （姓名）									
职业能力评价	分值	自评（10%）		组长评价（20%）		教师综合评价（70%）			
完成任务思路	5								
信息收集	5								
团队合作	10								
练习态度	10								
考勤	10								
讲演与答辩	35								
按时完成任务	15								
善于总结学习	10								
合计评分	100								

中望 CAD 实用教程　项目 9　任务学习单

项目名称	项目编号	小组号	组长姓名	学生姓名
打印和发布图样				

<table>
<tr>
<td rowspan="2">学生自主
任务实施</td>
<td>
一、中望 CAD 的输出功能可以将图形转换为什么格式的图形文件？中望 CAD 的输出文件有哪几种类型？学生在完成图形绘制后，为了便于观察和实际施工制作，将其打印输出到图纸上时首先要设置哪些打印参数？若要修改当前打印机配置，可单击名称后的什么按钮，打开"绘图仪配置编辑器"对话框？"打印区域"栏可设定图形输出时的打印区域，该栏中的窗口、范围、图形界限、显示等选项的含义分别是什么？
（提示：采用网络查询法、思维发散法、联想回忆法、上机实操法、小组讨论法、小组间竞争抢答法）
</td>
</tr>
<tr>
<td>
二、在 CAD 图样的交互过程中，有时需要将 DWG 格式图样转换为 PDF 文件格式，此时打印 PDF 文件的方法是什么？中望 CAD 还支持打印成若干种光栅文件格式，包括 BMP、JPEG、PNG、TIFF 等，如果要将图形打印为光栅文件格式，应怎么操作？在中望 CAD 的绘图空间中，模型空间和布局空间有什么区别？为什么说从布局空间打印可以更直观地看到最后的打印状态？怎样从样板中创建布局？在构造布局图时，可以将什么视口视为图样空间的图形对象？并对其进行移动和调整？
（提示：采用资料查询法、联想法、上机实操法、比较法、小组讨论法）
</td>
</tr>
</table>

（续）

完成任务总结 （做一个会上机实操、有想法、会思考、有创新精神的学生）	一、存在的其他问题与解决方案 （提示：教师准备两副数量、花色均相同的扑克牌，采用随机扑克牌法挑选学生。例如，由手中持有红桃6的学生与其他同学分享其独特见解） 二、收获与体会 三、其他建议

中望 CAD 实用教程 项目9 任务评价单

班级		学号		姓名		日期		成绩	
小组成员 （姓名）									
职业能力评价	分值	自评（10%）		组长评价（20%）		教师综合评价（70%）			
完成任务思路	5								
信息收集	5								
团队合作	10								
练习态度	10								
考勤	10								
讲演与答辩	35								
按时完成任务	15								
善于总结学习	10								
合计评分	100								

附录 B CAD 机械制图综合实训活页任务单

（含课题实施步骤 PDF 下载）

任务情境描述

接到校企合作企业订单，某校二级学院为青岛海尔模具有限公司绘制一批模板平面图形。

1. 工作背景

青岛海尔模具有限公司成立于 1992 年 09 月 01 日，是我国最优秀的专业模具供应商之一。

按国家职业定义，模具设计是从事模具数字化设计，包括型腔模与冷冲模，在传统模具设计的基础上，充分应用数字化设计工具，提高模具设计质量，缩短模具设计周期的人员。模板平面图形设计中主要模板有冲头固定板、压料板、凹模板等，其构造设计依冲压制品精度、生产数量、模具加工设备与加工方法、模具维护保养方式等有下列三种形式：整块式，轭式和镶入式。

客户要求精准细致地完成本批次的模板平面图形设计。

2. 标准要求

GB/T 18229—2000	CAD 工程制图规则
GB/T 18594—2001	技术产品文件 字体 拉丁字母、数字和符号的 CAD 字体
GB/T 18686—2002	技术制图 CAD 系统用图线的表示
GB/T 14665—2012	机械工程 CAD 制图规则

3. 规范缴交

1）一个工作数据文件夹。

2）一个 CAD（DWG 格式）文件夹（每个平面图形一个单独的文件）。

3）一个 PDF 格式的文件夹，做设计过程交流分享说明（可图文并茂，注意设计过程中进行拍照留存）。

4）一本 A4 输出图样，将本批次设计的平面图形打印装订（也可在结课作品展上，将其裱贴于展板上用于展示）。

任务工作流程

平面图形设计的工作流程如图 B-1 所示。

1. 企业调研

通过工作情境描述（实体项目中需先对企业进行走访、调研）了解项目特点，明确设计内容、设计目的、设计要求等，以更好地把握项目的设计意图。对收集的资料进行整理，写出调研报告。本次设计需了解模板平面图形的相关信息，并搜集相类似的模板平面图形，作为参考。

2. 任务分析

1）对调研结果进行分析，确定设计方向，本次模板平面图形的设计切入点：规范、标准、美观。

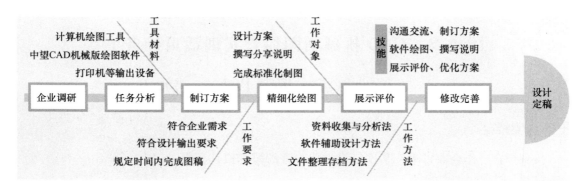

图 B-1 零件图形设计工作流程图

2）根据调研分析结果及搜集的参考资料，可以得出完成此项任务不但需要熟练运用中望 CAD 机械版绘图软件的常用绘图命令与修改命令进行精准的制图，还具备灵活、标准的图层设置能力、尺寸标注正确、合理能力与操作手段。

3. 制订方案

根据图 B-2～图 B-4 所示订单，学生展示前期调研报告与设计方案，通过教师评价、学生互评，探讨所做设计方案是否符合切入点，并根据评价进行修改。

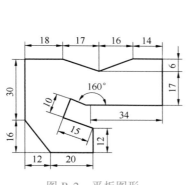

图 B-2 平板图形

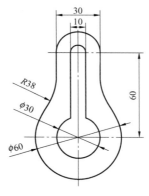

图 B-3 垫片图形

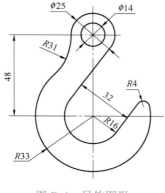

图 B-4 吊钩图形

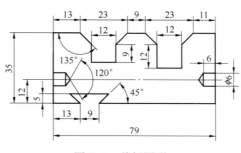

图 B-5 盖板图形

4. 精细化绘图

使用中望 CAD 机械版绘图软件进行精细化绘图（详细绘图步骤参考教学资源包）。

5. 展示评价

学生展示绘制后的模板平面图形，阐述制作心得体会，完成自评、互评和教师评价。评价标准参考表 B-1 中的项目及分值，可设置恰当的过程性评价和终结性评价标准。

表 B-1 评价参考标准

评分项目及标准	分值	得分
模板平面图形符合客户要求	5	
模板平面图形设计美观，质量较高	5	
图层设置合理	3	
图线绘制准确	4	
尺寸标注正确合理	4	
按照要求存储文件整理档案	4	
总评（25 分）		

6. 修改完善

根据评价反馈情况修改图形，整理最终工作数据文件夹（包含一个源 CAD DWG 格式文件夹、一个打印 PDF 格式的文件夹），完成 A4 图样装裱展板输出。

任务工作总结

附录 C　综合实训练习图册 (机械制图部分活页卡片)

任务一　绘制平面图形

课题 1-1　绘制平板

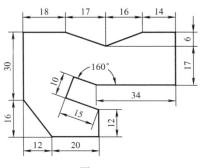

图　C-1

QR 微课视频直通车 083:

　　本视频使用中望 CAD2022 机械版软件绘制,主要介绍了平板的综合绘制。

　　打开手机微信扫描右侧二维码来观看学习吧!

课题步骤分解笔记: _____

_____

同学们思考一下,我们可以按怎样的步骤进行图形绘制?

课题 1-2　绘制垫片

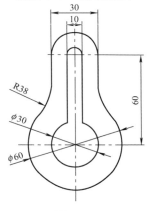

图　C-2

QR 微课视频直通车 084:

　　本视频使用中望 CAD2022 机械版软件绘制,主要介绍了垫片的综合绘制。

　　打开手机微信扫描右侧二维码来观看学习吧!

课题步骤分解笔记: _____

_____

同学们思考一下,我们可以按怎样的步骤进行图形绘制?

课题 1-3　绘制吊钩

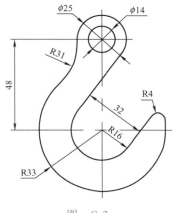

图　C-3

QR 微课视频直通车 085:

　　本视频使用中望 CAD2022 机械版软件绘制,主要介绍了吊钩的综合绘制!

　　打开手机微信扫描右侧二维码来观看学习吧!

课题步骤分解笔记: _____

_____

同学们思考一下,我们可以按怎样的步骤进行图形绘制?

课题 1-4　绘制盖板

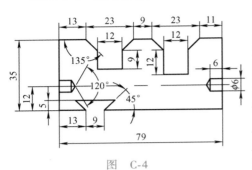

图　C-4

任务二　绘制视图零件

课题 2-1　绘制龙门吊钩

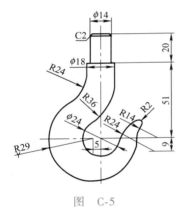

图　C-5

课题 2-2　绘制泵体

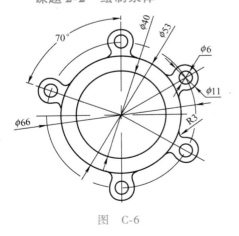

图　C-6

课题2-3 绘制支架

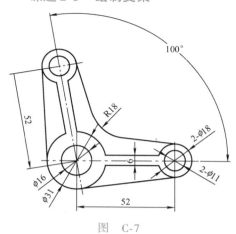

图 C-7

课题2-4 绘制连杆

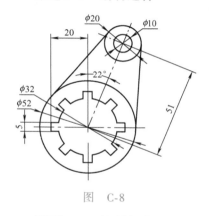

图 C-8

课题2-5 绘制机座

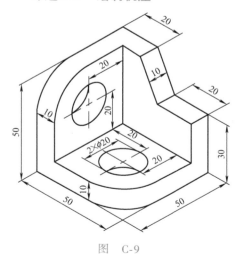

图 C-9

QR 微课视频直通车089：

本视频使用中望CAD2022机械版软件绘制，主要介绍了支架的综合绘制。

打开手机微信扫描右侧二维码来观看学习吧！

课题步骤分解笔记：＿＿＿＿＿＿＿

＿＿＿＿＿＿＿＿＿＿＿＿＿＿＿＿＿＿

＿＿＿＿＿＿＿＿＿＿＿＿＿＿＿＿＿＿

同学们思考一下，我们可以按怎样的步骤进行图形绘制？

QR 微课视频直通车090：

本视频使用中望CAD2022机械版软件绘制，主要介绍了连杆的综合绘制。

打开手机微信扫描右侧二维码来观看学习吧！

课题步骤分解笔记：＿＿＿＿＿＿＿

＿＿＿＿＿＿＿＿＿＿＿＿＿＿＿＿＿＿

同学们思考一下，我们可以按怎样的步骤进行图形绘制？

QR 微课视频直通车091：

本视频使用中望CAD2022机械版软件绘制，主要介绍了机座的综合绘制。

打开手机微信扫描右侧二维码来观看学习吧！

课题步骤分解笔记：＿＿＿＿＿＿＿

＿＿＿＿＿＿＿＿＿＿＿＿＿＿＿＿＿＿

同学们思考一下，我们可以按怎样的步骤进行图形绘制？

任务三　　绘制典型零件

课题 3-1　轴套类零件（主轴）

（1）**结构特点**　轴套类零件的主体结构多数是由几段直径不同的圆柱、圆锥所组成，构成阶梯状，轴向尺寸远大于其径向尺寸，局部有键槽、螺纹、挡圈槽、倒角、中心孔等结构。

（2）**常用的表达方法**　图 C-10 所示主轴为典型的轴套类零件，在机械上应用广泛。机械上各种各样的轮盘类零件，如带轮、齿轮，它们都安装在轴上。轴套类零件的主视图优先按加工位置选择，常将轴线水平放置，竖直轴线方向为主视图的投射方向。这样既符合车削和磨削的加工位置，又有利于零件加工。轴上的局部结构常用局部剖视图、局部放大图、移出断面图来表示。图 C-10 中用局部剖视图表示键槽，用移出断面图表示轴的断面形状，用局部放大图表示局部细小结构。

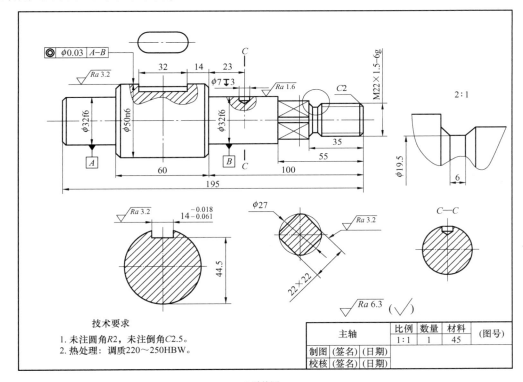

a) 零件图

b) 立体图

图 C-10　轴套类零件

QR 微课视频直通车 092：

本视频主要介绍轴套类零件（主轴）的绘制。

打开手机微信扫描右侧二维码观看学习吧！

课题 3-2　轮盘类零件（机油泵外转子）

（1）结构特点　齿轮、V 带轮和端盖等都属于轮盘类零件。轮盘类零件形状呈明显的扁平盘状，主体部分多为回转体，径向尺寸远大于轴向尺寸。轮盘类零件多数为铸件，主要在车床上加工，较薄时采用刨床或铣床加工。

（2）常用的表达方法　轮盘类零件一般采用两个基本视图表达，图 C-11 所示为机油泵外转子，主视图按照加工位置原则，轴线水平放置（对于不以车削为主的零件，则按工作位置或形状特征选择主视图），通常采用全剖视图表达内部结构；另一个视图表达外形轮廓和其他结构，如孔、肋板、轮辐的相对位置；用局部视图、局部剖视图、断面图、局部放大图等作为补充。

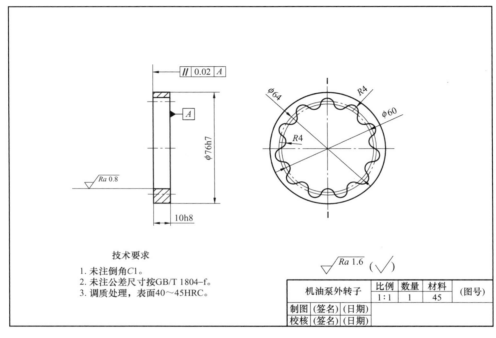

a) 零件图

b) 立体图

图 C-11　轮盘类零件

QR 微课视频直通车 093：

　　本视频主要介绍轮盘类零件（机油泵外转子）的绘制。

　　打开手机微信扫描右侧二维码观看学习吧！

课题 3-3　叉架类零件（拨叉）

（1）结构特点　叉架类零件通常由工作部分、支承（或安装）部分及连接部分组成，形状比较复杂且不规则，零件上常有叉形结构、肋板和孔、槽等。毛坯多为铸件或锻件，经车、镗、铣、刨、钻等多种工序加工而成。

（2）常用的表达方法　叉架类零件一般需要用两个以上基本视图表达，通常以工作位置为主视图，反映主要形状特征。如图 C-12 所示，连接部分和细部结构采用局部剖视图或斜视图，并用剖视图、断面图、局部放大图表达局部结构。

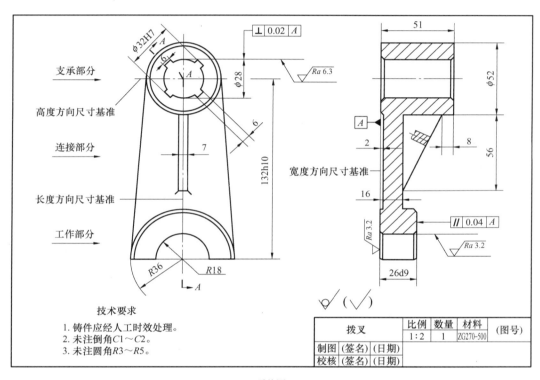

a) 零件图

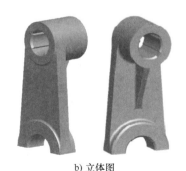

b) 立体图

图 C-12　叉架类零件

QR 微课视频直通车 094：

　　本视频主要介绍叉架类零件（拨叉）的绘制。

　　打开手机微信扫描右侧二维码观看学习吧！

课题 3-4　**箱体类零件**（齿轮泵体）

（1）**结构特点**　箱体类零件主要起包容、支承其他零件的作用，常有内腔、轴承孔、凸台、肋板、安装板、光孔、螺纹孔等结构，其毛坯多为铸件，主要在铣床、刨床、钻床上加工。

（2）**常用的表达方法**　箱体类零件一般需要用两个以上基本视图来表达，图 C-13 所示为齿轮泵体零件图。主视图反映形状特征和工作位置，采用通过主要支承孔轴线的剖视图来表达其内部形状结构，局部结构常用局部视图、局部剖视图、断面图等来表达。

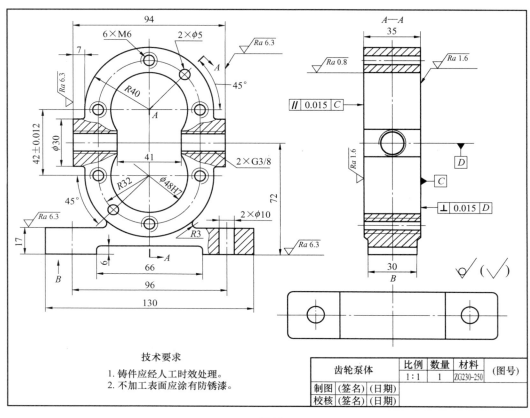

a) 零件图

b) 立体图

图 C-13　箱体类零件

QR 微课视频直通车 095：

本视频主要介绍箱体类零件（齿轮泵体）的绘制。

打开手机微信扫描右侧二维码观看学习吧！

任务四　零件测绘工具及方法

课题 4-1　测绘零件常用工具

生产中的零件图有两个主要来源：一是新设计绘制出的图样，二是按照实际零件进行测绘而产生的图样。测量零件尺寸是测绘工作的重要内容之一，常见的测量工具有钢直尺、卷尺、外卡钳、内卡钳、游标卡尺、千分尺和游标万能角度尺等，如图 C-14 所示。

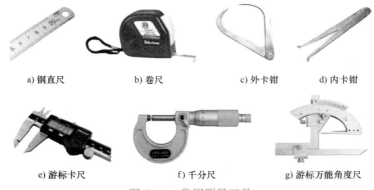

a) 钢直尺　　　　b) 卷尺　　　　c) 外卡钳　　　　d) 内卡钳

e) 游标卡尺　　　　　　f) 千分尺　　　　　　g) 游标万能角度尺

图 C-14　常用测量工具

课题 4-2　测绘零件常用方法

（1）测量线性尺寸　长度尺寸可以用钢直尺直接测量读数，如图 C-15 所示。

（2）测量螺纹的螺距

1）用螺纹规测量螺距，如图 C-16 所示。

① 用螺纹规确定螺纹的牙型和螺距，图 C-16 中，$P = 1.75\text{mm}$。

② 用游标卡尺量出螺纹大径。

③ 目测螺纹的线数和旋向。

④ 根据牙型、大径和螺距，与有关手册中螺纹的标准核对，选取相近的标准值。

2）用压痕法测量螺距，如图 C-17 所示。若没有螺纹规，可将一张纸放在被测螺纹上，压出螺距印痕，用钢直尺量出 5~10 个螺纹的长度 L，即可算出螺距 P，根据螺距 P 和测出的大径查相关手册取标准数值。

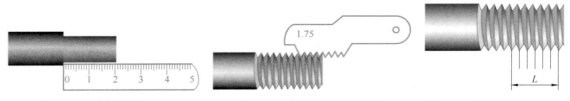

图 C-15　测量线性尺寸　　　　图 C-16　用螺纹规测量螺距　　　　图 C-17　用压痕法测量螺距

（3）测量孔间距　如图 C-18 所示，孔间距可以用卡钳（或游标卡尺）结合钢直尺测出。

（4）测量直径尺寸　如图 C-19 所示，可以用游标卡尺或千分尺直接测量读取直径尺寸。

（5）测量壁厚尺寸　如图 C-20 所示，壁厚尺寸可以用钢直尺测量，如底壁厚度 $X = A - B$；或者用卡钳和钢直尺配合测量，如侧壁厚度 $Y = C - D$。

（6）测量齿轮的模数

1）数出齿数 z。

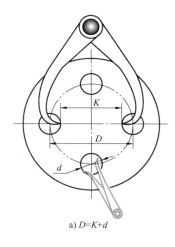

a) D=K+d

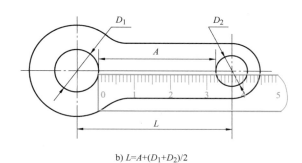

b) $L=A+(D_1+D_2)/2$

图 C-18　测量孔间距

a) 用游标卡尺测量直径尺寸

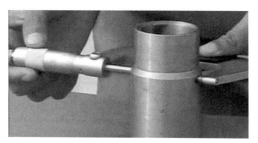

b) 用外径千分尺测量直径尺寸

图 C-19　测量直径尺寸

2）量出齿顶圆直径 d_a。当齿数为单数而不能直接测量时，可按图 C-21所示方法量出（$d_a = d + 2e$）。

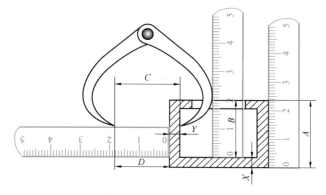

图 C-20　测量壁厚尺寸

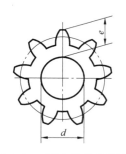

图 C-21　测量齿轮的模数

3）计算模数 $m' = d_a/(z+2)$。

4）修正模数。由于齿轮磨损或测量误差，当计算的模数不是标准模数时，应在标准模数表中选用与 m' 最接近的标准模数。

5）根据公式计算出齿轮其余各部分的尺寸。

任务五　　零件测绘实例

课题 5-1　了解测绘对象拆卸零件

图 C-22 所示为精密平口钳，为了便于零件拆卸后装配复原，在拆卸零件的同时绘制其装配示意图，编写序号，记录零件名称和数量，如图 C-23 所示。

a) 精密平口钳装配立体图　　　　　　　　　　　　　　　　b) 精密平口钳主体

c) 螺杆　　　　　　　d) 滑块　　　　　　　e) 导向块　　　　f) 内六角圆柱头螺钉

图 C-22　精密平口钳

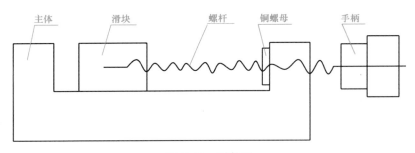

图 C-23　零件图

课题 5-2　画零件工作图

（1）画零件草图　零件草图是绘制装配图和零件图的重要依据，必须认真绘制。画草图的要求是：图形正确、表达清晰、尺寸齐全，并注写技术要求等必要内容。

测绘时，对标准件不必画零件草图，只需测量出几个主要尺寸，根据相应的国家标准确定其规格和标记列表说明，或者注写在装配示意图上。

现以精密平口钳中的螺杆为例，介绍画零件草图的方法和步骤。

1）确定表达方案，布图。确定主视图，根据完整、清晰表达零件的需要，画出其他视图。根据零件大小、视图数量多少，选择图纸幅面，布置各视图的位置，先画出中心线及其他定位基准线，如图 C-24 所示。

2）画出零件各视图的轮廓线，如图 C-25 所示。

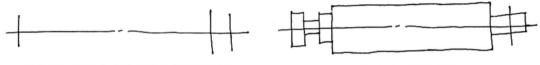

图 C-24　画出中心线及其他定位基准线　　　　　图 C-25　画轮廓线

3）画出零件各视图的细节和局部结构，采用剖视图、断面图、局部放大图等表达方法，如图 C-26 所示。

4）标注尺寸和书写其他必要的内容。先画出全部尺寸界线、尺寸线和箭头，然后按尺寸线在零件上量取所需尺寸，填写尺寸数值，最后加注向视图的投射方向和图名，如图 C-27 所示。

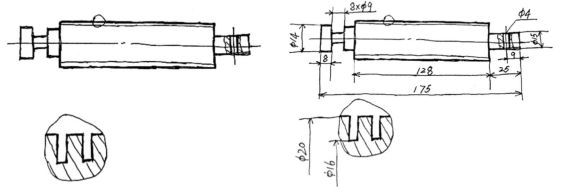

图 C-26　画出各视图的细节和局部结构　　　　　图 C-27　标注尺寸和书写其他必要的内容

（2）画零件图　画零件图不是对零件草图的简单抄画，而是根据装配图，以零件草图为基础，对零件草图中的视图表达、尺寸标注等不合理或不够完善之处予以必要的修正。完成后的螺杆如图 C-28 所示。

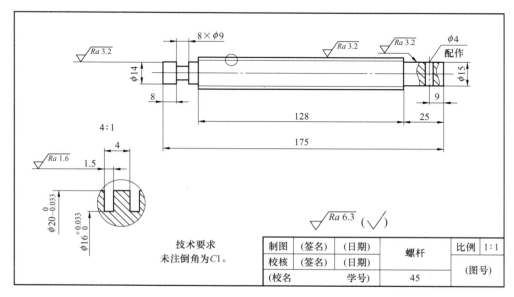

图 C-28　零件图

附录 D　综合实训练习图册（建筑制图部分活页卡片）

任务一　创建样板文件（20 分）

1. 设置文字样式

设置两种文字样式，分别用于"汉字"和"数字和字母"的注释，所有字体均为直体字，宽度因子为 0.7。

（1）用于"汉字"的文字样式　文字样式命名为"HZ"，字体名选择"仿宋"，语言为"CHINESE_GB2312"。

（2）用于"数字和字母"的文字样式　文字样式命名为"XT"，字体名选择"simplex. shx"，大字体选择"HZTXT"。

2. 设置尺寸标注样式

尺寸标注样式名为"BZ"，其中文字样式用"XT"，其他参数根据国家标准的相关要求进行设置。

3. 创建布局

1）新建布局并更名为"PDF – A3"（大写）。

2）打印设置。配置打印机/绘图仪名称为"DWG TO PDF. pc5"；纸张幅面为 A3、横向；可打印区域页边距设置为 0，单色打印，打印比例为 1∶1。

4. 绘图

在布局"PDF-A3"中按 1∶1 的比例绘制符合国家标准的 A3 横向图框。

5. 绘制属性块标题栏

1）按图 D-1 所示在 0 层中绘制标题栏，不标注尺寸。

"（图名）""（文件夹名）""（SCALE）"和"（TH）"均为属性。"（图名）"字高为 6，其余文字为 4；所有属性和文字均在指定格内居中。

2）将标题栏连同属性一起定义为块，块名为"BTL"，基点为标题栏右下角点。

3）插入图块"BTL"于图框的右下角，分别将属性"（图名）"和"（文件夹名）"的值改为"基本设置"和"文件夹的具体名称"（如"50102"）。

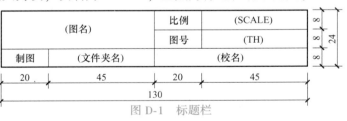

图 D-1　标题栏

6. 保存样板文件

将文件名为"TASK01. dwt"的样板文件保存到指定文件夹中。

任务二　绘制建筑平面图（30 分）

1）已知平面、屋面水平投影轮廓、尺寸和坡度，如图 D-2 所示。

2）完成该建筑一层、二层平面图及屋面的投影平面图（含虚线）。

3）无须标注尺寸。

4）将文件命名为"TASK02. dwg"。

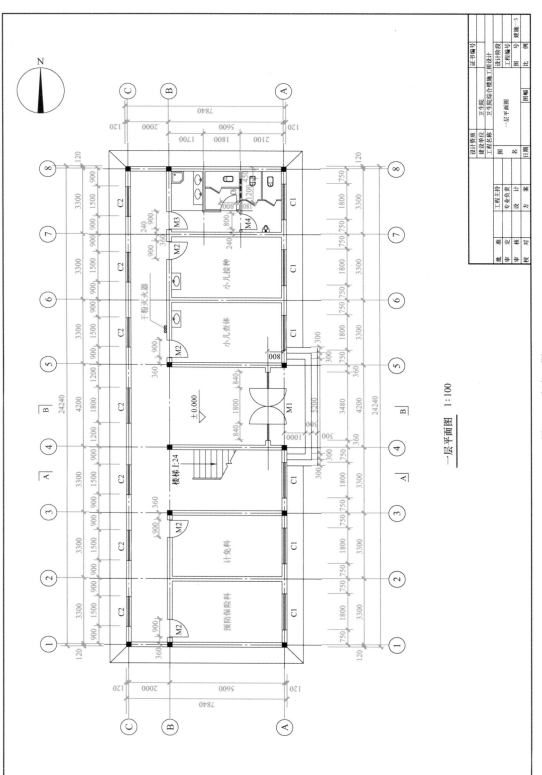

一层平面图 1:100

图D-2 任务二图

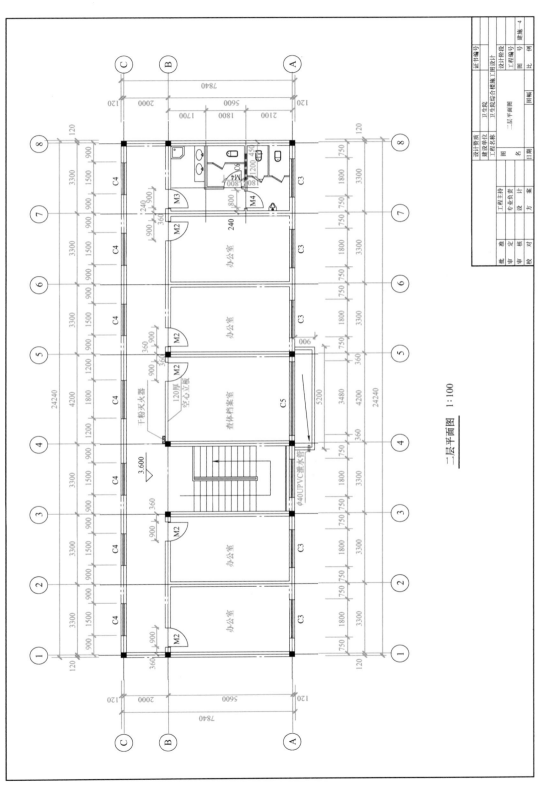

二层平面图 1:100

图 D-2 任务二图(续)

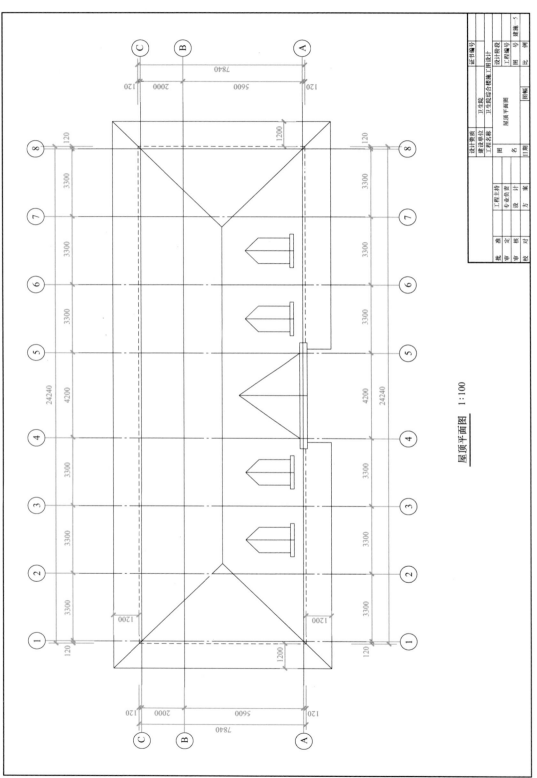

屋顶平面图 1:100

图 D-2 任务二图(续)

任务三　绘制建筑立面图（30 分）

1）完成该建筑北立面、*A—A* 剖面图及楼梯间剖面的投影立面图（含虚线），如图 D-3 所示。

2）无须标注尺寸。

3）将文件命名为 "TASK03.dwg"。

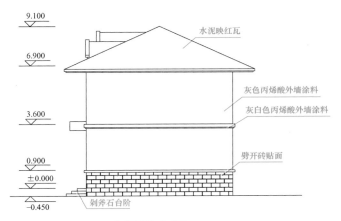

北立面图　1:100

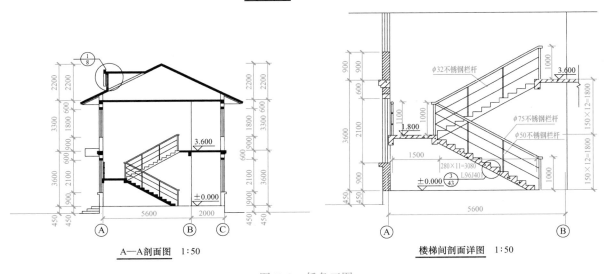

A—A剖面图　1:50　　　　　　　　　　　楼梯间剖面详图　1:50

图 D-3　任务三图

任务四　绘制建筑大样详图（20 分）

1）完成该建筑雨棚大样图、屋顶造型剖面详图的投影剖面图（含虚线），如图 D-4 所示。

2）无须标注尺寸。

3）将文件命名为 "TASK04.dwg"。

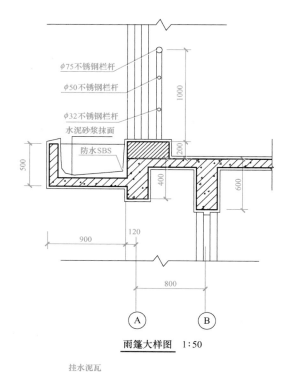

ϕ75不锈钢栏杆

ϕ50不锈钢栏杆

ϕ32不锈钢栏杆

水泥砂浆抹面

防水SBS

1000

500

200

400

600

900

120

800

A

B

雨篷大样图 1:50

挂水泥瓦

C20细石混凝土30厚，4@200双向钢筋网。随打
随抹出挂瓦楞，间距根据水泥瓦规格确定，预留排水口

1:2水泥砂浆找平层20厚

SBS防水卷材一道

防水砂浆找平层20厚

挤塑聚苯板65厚

1:2水泥砂浆找平层15厚

现浇钢筋混凝土屋面板

1:2混合砂浆抹面20厚

300

60 300

1700

1100

120 380

300

600

600

1200

300

A

屋顶造型剖面详图 1:25

图 D-4 任务四图

QR 微课视频直通车 096：

　　本视频使用中望 CAD 建筑版讲解，主要介绍了设计轴网的综合知识。

　　打开手机微信扫描右侧二维码来观看学习吧！

QR 微课视频直通车 097：

　　本视频使用中望 CAD 建筑版讲解，主要介绍了绘制柱子的综合知识。

　　打开手机微信扫描右侧二维码来观看学习吧！

QR 微课视频直通车 098：

　　本视频使用中望 CAD 建筑版讲解，主要介绍了绘制墙体的综合知识。

　　打开手机微信扫描右侧二维码来观看学习吧！

QR 微课视频直通车 099：

　　本视频使用中望 CAD 建筑版讲解，主要介绍了绘制门窗的综合知识。

　　打开手机微信扫描右侧二维码来观看学习吧！

QR 微课视频直通车 100：

　　本视频使用中望 CAD 建筑版讲解，主要介绍了设计楼梯的综合知识。

　　打开手机微信扫描右侧二维码来观看学习吧！

QR 微课视频直通车 101：

　　本视频使用中望 CAD 建筑版讲解，主要介绍了设计台阶的综合知识。

　　打开手机微信扫描右侧二维码来观看学习吧！

QR 微课视频直通车 102：

　　本视频使用中望 CAD 建筑版讲解，主要介绍了设计散水的综合知识。

　　打开手机微信扫描右侧二维码来观看学习吧！

QR 微课视频直通车 103：

　　本视频使用中望 CAD 建筑版讲解，主要介绍了门窗标注的综合知识。

　　打开手机微信扫描右侧二维码来观看学习吧！

QR 微课视频直通车 104：

　　本视频使用中望 CAD 建筑版讲解，主要介绍了设计屋顶的综合知识。

　　打开手机微信扫描右侧二维码来观看学习吧！

QR 微课视频直通车 105：

　　本视频使用中望 CAD 建筑版讲解，主要介绍了生成立剖面的综合知识。

　　打开手机微信扫描右侧二维码来观看学习吧！

QR 微课视频直通车 106：

　　本视频使用中望 CAD 建筑版讲解，主要介绍了图案填充的综合知识。

　　打开手机微信扫描右侧二维码来观看学习吧！

QR 微课视频直通车 107：

　　本视频使用中望 CAD 建筑版讲解，主要介绍了图块编辑的综合知识。

　　打开手机微信扫描右侧二维码来观看学习吧！

参 考 文 献

[1] 孙琪. 中望建筑 CAD（微课视频版）. 北京：机械工业出版社，2022.

[2] 孙琪. 中望 CAD 实用教程（机械、建筑通用版）. 北京：机械工业出版社，2017.

[3] 孙琪，胡胜. 机械制图与中望 CAD. 北京：机械工业出版社，2021.

[4] 胡胜，孙琪. 机械制图与中望 CAD 习题集. 北京：机械工业出版社，2021.

[5] 胡胜. 工程图识读与绘制. 北京：机械工业出版社，2018.

[6] 胡胜. 机械制图（第 2 版）. 北京：机械工业出版社，2017.

[7] 刘小年. 机械制图. 北京：机械工业出版社，2005.